建筑施工特种 ⋯⋯⋯⋯⋯培训教材

建筑起重机械司机
（施工升降机）

建筑施工特种作业人员培训教材编委会　组织编写

中国建筑工业出版社

图书在版编目（CIP）数据

建筑起重机械司机. 施工升降机/建筑施工特种作业人员培训教材编委会组织编写. —北京：中国建筑工业出版社，2020.10
建筑施工特种作业人员培训教材
ISBN 978-7-112-25452-1

Ⅰ. ①建… Ⅱ. ①建… Ⅲ. ①建筑机械－升降机－技术培训－教材 Ⅳ. ①TH21

中国版本图书馆 CIP 数据核字（2020）第 175239 号

本书是建筑起重机械司机（施工升降机）培训教材，详细介绍了施工升降机司机需掌握的基本知识与操作规范等内容。全书分为两部分，共十章。第一部分为公共基础知识，包括职业道德、建筑施工特种作业人员和管理、建筑施工安全生产相关法规及管理制度、建筑施工安全防护基本知识、施工现场消防基本知识、施工现场应急救援基本知识；第二部分为专业基础知识，包括施工升降机基础知识、施工升降机的安全操作使用与检查、施工升降机的维护保养、施工升降机常见故障的处理和隐患预防。本书既可作为施工升降机司机培训教材，也可作为施工升降机司机参考书和自学用书。

责任编辑：李明　李杰
助理编辑：葛又畅
责任校对：姜小莲

建筑施工特种作业人员培训教材
建筑起重机械司机（施工升降机）
建筑施工特种作业人员培训教材编委会　组织编写
*
中国建筑工业出版社出版、发行（北京海淀三里河路 9 号）
各地新华书店、建筑书店经销
北京红光制版公司制版
南京碧峰印务有限公司印刷
*
开本：850 毫米×1168 毫米　1/32　印张：4¼　字数：113 千字
2020 年 11 月第一版　2020 年 11 月第一次印刷
定价：**19.00** 元
ISBN 978-7-112-25452-1
（36446）

建筑施工特种作业人员
培训教材编委会

主　任：高　峰

副主任：王宇旻　陈海昌

委　员：金　强　朱利闽　刘钦燕　刘　辉　马　记

　　　　成　军　陈晓苏　姜　宁　姜　昱　徐卫星

　　　　曹立忠　温锦明

本书编审委员会

主　　编：姜　宁

副主编：高海明

　　　　（本系列教材公共基础知识编写成员：

　　　　金　强　朱利闽　朱　青　刘　辉）

审　　稿：朱利闽

前　言

　　《中华人民共和国安全生产法》规定："生产经营单位的特种作业人员必须按照国家有关规定经专门的安全作业培训，取得相应资格，方可上岗作业"。建筑施工特种作业人员是指在房屋建筑和市政工程施工活动中，从事可能对本人、他人及周围设备设施的安全造成重大危害作业的人员。作为建设行业高危工种之一，其从业直接关系建筑施工质量安全，直接关系公民生命、财产安全和公共安全。

　　为进一步紧贴建筑施工特种作业人员职业素质和适岗能力的实际需要，编写委员会组织编写了《建筑电工》《建筑架子工》《附着式升降脚手架架子工》《建筑起重信号司索工》等24个工种的系列教材。该套教材既是相关工种培训考核的指导用书，又是一线建筑施工特种作业人员的实用工具书。

　　本套教材在编写过程中，得到了江苏省相关专家和部门的大力支持，在此一并表示感谢！因编者水平有限，难免会存在疏漏和不足之处，真诚希望广大同行和读者给予批评指正。

编者

二〇一九年五月

4

目　录

第一部分　公共基础知识

第二部分　专业基础知识

第一部分　公共基础知识

第一章　职业道德

第一节　道德的含义和基本内容

1. 道德的含义

道德是一种社会意识形态，是人们共同生活及其行为的准则与规范。

意识形态除了道德以外，还包括政治、法律、艺术、宗教、哲学和其他社会科学等意识形态，是对事物的理解、认知，对事物的感观思想，是观念、观点、概念、思想、价值观等要素的总和。如：对生命的认识和观点；对金钱物质的看法等。

道德往往代表着社会的正面价值取向，起到判断行为正当与否的作用。道德是以善恶为标准，通过社会舆论、内心信念和传统习惯来评价人的行为，调整人与人之间以及个人与社会之间相互关系的行动规范的总和。

2. 道德与法纪的关系

遵守道德是指按照社会道德规范行事，不做损害他人的事。遵守法纪是指遵守纪律和法律，按照规定行事，不违背纪律和法律的规定条文。法纪与道德既有区别也有联系，它们是两种重要的社会调控手段。

（1）法纪属于社会制度范畴，而道德属于社会意识形态范畴。道德侧重于自我约束，是行为主体"应当"的选择，依靠人们的内心信念、传统习惯和社会舆论发挥其作用，不具有强制力；而法纪则侧重于国家或组织的强制手段，是国家或组织制定和颁布，用以调整、约束和规范人们行为的权威性规则。

（2）遵守法纪是遵守道德的最低要求。道德一般又可分为两类：第一类是社会有序化要求的道德，是维系社会稳定所必不可少的最低限度的道德，如不得暴力伤害他人、不得用欺诈手段谋取利益、不得危害公共安全等；第二类是那些有助于提高生活质量、增进人与人之间紧密关系的原则，如博爱、无私、乐于助人、不损人利己等。第一类道德有时也会上升为法纪，通过制裁、处分或奖励的方法得以推行。而第二类道德是对人性较高要求的道德，一般不宜转化为法纪，需要通过教育、宣传和引导等手段来推行。法纪是道德的演化产物，其内容是道德范畴中最基本的要求，因此遵纪守法是遵守道德的最低要求。

（3）遵守道德是遵守法纪的坚强后盾。首先，法纪应包含最低限度的道德，没有道德基础的法纪，是无法获得人们的尊重和自觉遵守的。其次，道德对法纪的实施有保障作用，"徒善不足以为政，徒法不足以自行"，执法者职业道德的提高，守法者的法律意识、道德观念的加强，都对法纪的实施起着推动的作用。再者，道德又对法纪有补充作用，有些不宜由法纪调整的，或本应由法纪调整但因立法的滞后而尚"无法可依"的，道德约束往往就起到了必要的补充作用。

3. 公民道德的基本内容

公民道德主要包括社会公德、职业道德、家庭美德及个人品德四个方面。

（1）社会公德。公德是指与国家、组织、集体、民族、社会等有关的道德，社会公德是社会道德体系的社会层面，是维护社会公共生活正常进行的最基本的道德要求，是全体公民在社会交往和公共生活中应该遵循的行为准则，涵盖了人与人、人与社会、人与自然之间的关系。以文明礼貌、助人为乐、爱护公物、保护环境、遵纪守法为主要内容的社会公德，旨在鼓励人们在社会上做一个好公民。

（2）职业道德。职业道德是人们在职业生活中应当遵循的基本道德，是职业品德、职业纪律、专业能力及职业责任等的总称，它通过公约、守则等对职业生活中的某些方面加以规范。职业道德涵盖了从业人员与服务对象、职业与职工、职业与职业之间的关系；它既是对从业人员在职业活动中的行为要求，又是本行业对社会所承担的道德责任和义务。以爱岗敬业、诚实守信、办事公道、服务群众、奉献社会为主要内容的职业道德，旨在鼓励人们在工作中做一个好的建设者。

（3）家庭美德。家庭美德是调节家庭成员之间、邻里之间以及家庭与国家、社会、集体之间的行为准则，也是评价人们在恋爱、婚姻、家庭、邻里之间交往中的行为是非、善恶的标准。以尊老爱幼、男女平等、夫妻和睦、勤俭持家、邻里团结为主要内容的家庭美德，旨在鼓励人们在家庭生活里做一个好成员。

（4）个人品德。个人品德是一定社会的道德原则和规范在个人思想和行为中的体现，是一个人在其道德行为整体中所表现出来的比较稳定的、一贯的道德特点和倾向。个人品德是每个公民个人修养的体现，现代人应树立关爱、善待和宽厚的理念，对他人、对社会、对自然有关爱之心、善待之举和宽厚情怀。个人品德的内容包括很多，比如正直善良、谦虚谨慎、团结友爱、言行一致等。

社会公德、职业道德、家庭美德、个人品德这四个方面是一个有机的统一体，其外延由大到小，内涵由浅到深，共同构成一个完善的道德体系。在"四德"建设中，人的能动性及个人品德建设是至关重要的，个人品德的修养是树立道德意识、规范言行举止、建设和谐家庭、做好模范工作、维护社会和谐的基础。只有个人具备优良品德修养才能由己及人，才能由己及家庭、集体和社会。正确处理个人与社会、竞争与协作、经济效益与社会效益等关系，树立尊重人、理解人、关心人的理念，发扬社会主义人道主义精神，提倡为人民为社会多做好事、体现社会主义制度优越性、促进社会主义市场经济健康有序发展的良好道德风尚。

党的十八大对未来我国道德建设也做出了重要部署，强调依法治国和以德治国相结合，加强社会公德、职业道德、家庭美德、个人品德教育，弘扬中华传统美德，倡导时代新风，指出了道德修养的"四位一体"性。十八大报告中"推进公民道德建设工程，弘扬真善美、贬斥假恶丑，引导人们自觉履行法定义务、社会责任、家庭责任，营造劳动光荣、创造伟大的社会氛围，培育知荣辱、讲正气、作奉献、促和谐的良好风尚"，强调了社会氛围和社会风尚对公民道德品质的塑造；"深入开展道德领域突出问题专项教育和治理，加强政务诚信、商务诚信、社会诚信和司法公信建设"，突出了"诚信"这个道德建设的核心。

第二节 职业道德的基本特征和主要作用

1. 职业道德的概念

职业道德是指所有从业人员在职业活动中应该遵循的行为准则，是一定职业范围内的特殊道德要求，即整个社会对从业人员的职业观念、职业态度、职业技能、职业纪律和职业作风等方面的行为标准和要求。

职业道德是随着社会分工的发展，并出现相对固定的职业集团时产生的，人们的职业生活实践是职业道德产生的基础。特定的职业不但要求人们具备特定的知识和技能，而且要求人们具备特定的道德观念、情感和品质。各种职业集团，为了维护职业利益和信誉，适应社会的需要，从而在职业实践中，根据一般社会道德的基本要求，逐渐形成了职业道德规范。

职业道德是对从事这个职业所有人员的普遍要求，它不仅是所有从业人员在其职业活动中行为的具体表现，同时也是本职业对社会所负的道德责任与义务，是社会公德在职业生活中的具体化。每个从业人员，不论是从事哪种职业，在职业活动中都要遵守职业道德，如现代中国社会中教师要遵守教书育人、为人师表的职业道德，医生要遵守救死扶伤的职业道德，企业经营者要遵守诚实守信、公平竞争、合法经营的职业道德等。

具体来讲，职业道德的含义主要包括以下八个方面：

（1）职业道德是一种职业规范，普遍受社会的认可。

（2）职业道德是长期以来自然形成的。

（3）职业道德没有确定的形式，通常体现为观念、习惯、信念等。

（4）职业道德依靠文化、内心信念和习惯，通过职工的自律来实现。

（5）职业道德大多没有实质的约束力和强制力。

（6）职业道德的主要内容是对职业人员义务的要求。

（7）职业道德标准多元化，代表了不同企业可能具有不同的价值观。

（8）职业道德承载着企业文化和凝聚力，影响深远。

2. 职业道德的基本特征

职业道德是从业人员在一定的职业活动中应遵循的、具有自身职业特征的道德要求和行为规范。职业道德具有以下几个特点：

（1）普遍性。从业者应当共同遵守基本职业道德行为规范，且在全世界的所有职业者都有着基本相同的职业道德规范。

（2）行业性。职业道德具有适用范围的有限性，每种职业都担负着一定的职业责任和职业义务，由于各种职业的职业责任和义务不同，从而形成各自特定的职业道德的具体规范。职业道德的内容与职业实践活动紧密相连，反映着特定职业活动对从业人员行为的道德要求。

（3）继承性。职业道德具有发展的历史继承性，由于职业具有不断发展和世代延续的特征，不仅其技术世代延续，其管理员工的方法、与服务对象打交道的方式，也有一定历史继承性。在长期实践过程中形成的职业道德内容，会被作为经验和传统继承下来，如"有教无类""学而不厌，诲人不倦"，从古至今都是教师的职业道德。

（4）实践性。一个从业者的职业道德知识、情感、意志、信念、觉悟、良心等都必须通过职业的实践活动，在自己的行为中表现出来，并且接受行业职业道德的评价和自我评价。

（5）多样性。职业道德表达形式多种多样，不同的行业和不同的职业，有不同的职业道德标准，且表现形式灵活。职业道德的表现形式总是从本职业的交流活动实际出发，采用诸如制度、守则、公约、承诺、誓言、条例等形式，以至标语口号之类来加以体现，既易于为从业人员所接受和实行，而且便于形成一种职业的道德习惯。

（6）自律性。从业者通过对职业道德的学习和实践，逐渐培养成较为稳固的职业道德品质，良好的职业道德形成以后，又会在工作中逐渐形成行为上的条件反射，自觉地选择有利于社会、有利于集体的行为，这种自觉就是通过自我内心职业道德意识、觉悟、信念、意志、良心的主观约束控制来实现的。

（7）他律性。道德行为具有受舆论影响的特征，在职业生涯中，从业人员随时都受到所从事职业领域的职业道德舆论的影响。实践证明，创造良好的职业道德社会氛围、职业环境，并通过职业道德舆论的宣传、监督，可以有效地促进人们自觉遵守职业道德，并实现互相监督，共同提升道德境界。

3. 职业道德的主要作用

在现代社会里，人人都是服务对象，人人又都为他人服务。社会对人的关心、社会的安宁和人们之间关系的和谐，是同各个岗位上的服务态度、服务质量密切相关的。在构建和谐社会的新形势下，大力加强社会主义职业道德建设，具有十分重要的作用。

（1）加强职业道德是提高职业人员责任心的重要途径

职业道德要求把个人理想同各行各业、各个单位的发展目标结合起来，同个人的岗位职责结合起来，以增强员工的职业观念、职业事业心和职业责任感。职业道德要求员工在本职工作中不怕艰苦，勤奋工作，既要团结协作，又争个人贡献，既讲经济效益，又讲社会效益。加强职业道德要求紧密联系本行业本单位的实际，有针对性地解决存在的问题。

（2）加强职业道德是促进企业和谐发展的迫切要求

职业道德的基本职能是调节职能，一方面可以调节从业人员内部的关系，即运用职业道德规范约束职业内部人员的行为，促进职业内部人员的团结与合作，加强职业、行业内部人员的凝聚力；另一方面，职业道德又可以调节从业人员与服务对象之间的关系，用来塑造本职业从业人员的社会形象。

企业是具有社会性的经济组织，在企业内部存在着各种复杂的关系，这些关系既有相互协调的一面，也有矛盾冲突的一面，如果解决不好，将会影响企业的凝聚力。这就要求企业所有的员工具有较高的职业道德觉悟，从大局出发，光明磊落、相互谅解、相互宽容、相互信赖、同舟共济，而不能意气用事、互相拆台。企业内部上下级之间、部门之间、员工之间团结协作，使企业真正成为一个具有社会主义精神风貌的和谐集体。

（3）加强职业道德是提高企业竞争力的必要措施

当前市场竞争激烈，各行各业都讲经济效益，要求企业的经营者在竞争中不断开拓创新。但行业之间为了自身的利益，会产生很多新的矛盾，形成自我力量的抵消，使一些企业的经营者在竞争中单纯追求利润、产值，不求质量，或者以次充好、以假乱真，不顾社会效益，损害国家、人民和消费者的利益，企业得到的只能是短暂的收益，失去的是消费者的信任，也就失去了生存和发展的源泉，难以在竞争的激流中屹立不倒。在企业中加强职业道德使得企业在追求自身利润的同时，又能创造好的社会效益，从而提升企业形象，赢得持久而稳定的市场份额；同时，也使企业内部员工之间相互尊重、相互信任、相互合作，从而提高企业凝聚力，企业方能在竞争中稳步发展。

（4）加强职业道德是个人健康发展的基本保障

市场经济对于职业道德建设有其积极一面，也有消极的一面，它的自发性、自由性、注重经济效益的特性，导致一些人"一切向钱看"，唯利是图，不择手段追求经济效益，从而走入歧途、断送前程。提高从业人员的道德素质，树立职业理想，增强职业责任感，形成良好的职业行为，抵抗物欲诱惑，不被利欲所熏心，才能脚踏实地在本行业中追求进步。在社会主义市场经济条件下，只有具备职业道德精神的从业人员，才能在社会中站稳脚跟，成为社会的栋梁之材，在为社会创造效益的同时，也保障了自身的健康发展。

（5）加强职业道德是提高全社会道德水平的重要手段

职业道德是整个社会道德的主要内容，它一方面涉及每个从业者如何对待职业，如何对待工作，同时也是一个从业人员的生活态度、价值观念的表现，是一个人的道德意识和道德行为发展到成熟阶段的体现，具有较强的稳定性和连续性。另一方面，职业道德也是一个职业集体甚至一个行业全体人员的行为表现，如果每个行业、每个职业集体都具备优良的道德，那么对整个社会道德水平的提高就会发挥重要作用。

第三节　建设行业职业道德建设

1. 加强职业道德建设，践行社会主义核心价值观

"国无德不兴，人无德不立。"习近平总书记指出："核心价值观，其实就是一种德，既是个人的德，也是一种大德，就是国家的德、社会的德。"因此，"必须加强全社会的思想道德建设，激发人们形成善良的道德意愿、道德情感，培育正确的道德判断和道德责任，提高道德实践能力尤其是自觉践行能力，引导人们向往和追求讲道德、尊道德、守道德的生活，形成向上的力量、向善的力量。"培育社会主义核心价值观，首先要培植一种有益于国家、社会、他人的道德。

党的十八大提出，倡导富强、民主、文明、和谐，倡导自由、平等、公正、法治，倡导爱国、敬业、诚信、友善，积极培

育和践行社会主义核心价值观。富强、民主、文明、和谐是国家层面的价值目标，自由、平等、公正、法治是社会层面的价值取向，爱国、敬业、诚信、友善是公民个人层面的价值准则。"富强、民主、文明、和谐；自由、平等、公正、法治；爱国、敬业、诚信、友善"，这24个字是社会主义核心价值观的基本内容。践行社会主义核心价值观对于道德建设具有重要的指导意义，而加强道德建设又对践行社会主义核心价值观发挥着基础性作用，两者互有联系，相辅相成。

建设行业是社会主义现代化建设中的一个十分重要的行业。工厂、住宅、学校、商店、医院、体育场馆、文化娱乐设施等的建设，都离不开建设行为，它以满足人民群众日益增长的物质文化生活需要为出发点。建设行业职业道德是社会主义核心价值观、社会主义道德规范在建设行业的具体体现。

2. 结合建设行业特点和现实，加强职业道德建设

（1）职业道德建设的行业特点

以建设行业中建筑为例，专业多、岗位多、从业人员多且普遍文化程度较低、综合素质相对不高；条件艰苦，任务繁重，露天作业、高空作业，常年日晒雨淋，生产生活场所条件艰苦，安全设施落后和不足，作业存在安全隐患，安全事故频发；施工涉及面大，人员流动性强，四海为家，四处奔波，难以接受长期定点的培训教育；工种之间联系紧密，各专业、各工种、各岗位前后延续共同完成工程的建设；具有较强的社会性，一座建筑物凝聚了多方面的努力，体现了其社会价值和经济价值。同时，随着国民经济的发展，建筑行业地位和作用也越来越重要，行业发展关乎国计民生。因此，对从业人员开展及时的、各类形式灵活多样的教育培训，提高道德素质、文化水平、专业知识和职业技能；结合行业特点，加强团结协作教育、服务意识教育和职业道德教育，一切为了社会广大人民和子孙后代的利益，坚持社会主义、集体主义原则，严谨务实，艰苦奋斗、多出精品优质工程，体现其社会价值和经济价值尤为重要。

（2）职业道德建设的行业现实

一个建筑物的诞生或一项工程的竣工需要有良好的设计、周密的施工、合格的建筑材料和严格的检验与监督。近几年来，出现设计结构不合理，计算偏差，不考虑相关因素的情况，埋下重大隐患；施工过程中秩序混乱；建筑材料伪劣产品层出不穷；金钱、人情关系扰乱工程安全质量监督，质量安全事故屡见不鲜。作为百年大计的工程建设产品，如果质量差，损失和危害将无法估量。例如5·12汶川大地震中某些倒塌的问题房屋，杭州地铁坍塌，上海、石家庄在建楼房倒塌事件等。造成这些问题的因素很多，但是道德因素是其中最重要的因素之一。再如，面对激烈的市场竞争，一些建筑企业为了拿到工程项目，使用各种手段，其中手段之一就是盲目压价，用根本无法完成工程的价格去投标。中标后就在设计、施工、材料等方面做文章，启用非法设计人员搞黑设计；施工中偷工减料；材料上买低价伪劣产品，最终，使建筑物的"百年大计"大大打了折扣。因此，大力加强建设行业职业道德建设，营造市场经济良好环境，经济效益和社会效益并重尤为紧迫。

3. 建设行业职业道德要求

根据住房和城乡建设部发布的《建筑业从业人员职业道德规范（试行）》，对建筑从业人员共同职业道德规范要求如下：

（1）**热爱事业，尽职尽责**

热爱建筑事业，安心本职工作，树立职业责任感和荣誉感，发扬主人翁精神，尽职尽责，在生产中不怕苦，勤勤恳恳，努力完成任务。

（2）**努力学习，苦练硬功**

努力学文化，学知识，刻苦钻研技术，熟练掌握本工种的基本技能，练就一身过硬本领。努力学习和运用先进的施工方法，钻研建筑新技术、新工艺、新材料。

（3）**精心施工，确保质量**

树立"百年大计、质量第一"的思想，按设计图纸和技术规范精心操作，确保工程质量，用优良的成绩树立建筑工人形象。

（4）安全生产，文明施工

树立安全生产意识，严格安全操作规程，杜绝一切违章作业现象，确保安全生产无事故。维护施工现场整洁，在争创安全文明标准化现场管理中作出贡献。

（5）节约材料，降低成本

发扬勤俭节约优良传统，在操作中珍惜一砖一木，合理使用材料，认真做好落手清、现场清，及时回收材料，努力降低工程成本。

（6）遵章守纪，维护公德

要争做文明员工，模范遵守各项规章制度，发扬团结互助精神，尽力为其他工种提供方便。

4. 特种作业人员职业道德核心内容

（1）安全第一

坚持"生产必须安全，安全为了生产"的意识，严格遵守操作规程。操作人员要强化安全意识，认真执行安全生产的法律、法规、标准和规范，严格执行操作规程和程序，杜绝一切违章作业，不野蛮施工，不乱堆乱扔。

（2）诚实守信

诚实守信作为社会主义职业道德的基本规范，是和谐社会发展的必然要求，它不仅是建设领域职工安身立命的基础，也是企业赖以生存和发展的基石。操作人员要言行一致，表里如一，真实无欺，相互信任，遵守诺言，忠实地履行自己应当承担的责任和义务。

（3）爱岗敬业

爱岗就是热爱自己的工作岗位，敬业就是要用一种恭敬严肃的态度对待自己的工作。操作人员应当热爱本职工作，不怕苦、不怕累，认真负责，集中精力，精心操作，密切配合其他工种施工，确保工程质量，使工程如期完成。这是社会对每个从业者的要求，更应当是每个从业者对自己的自觉约束。

（4）钻研技术

操作人员要努力学习科学文化知识，刻苦钻研专业技术，苦练硬功，扎实工作，熟练掌握本工作的基本技能，努力学习和运用先进的施工方法，精通本岗位业务，不断提高业务能力。

（5）保护环境

文明操作，防止损坏他人和国家财产。讲究施工环境优美，做到优质、高效、低耗。做到不乱排污水，不乱倒垃圾，不影响交通，不扰民施工。

第二章　建筑施工特种作业人员和管理

第一节　建筑施工特种作业

1. 建筑施工特种作业概念

建筑施工特种作业人员是指在房屋建筑和市政工程施工活动中，从事对本人、他人的生命健康及周围设施的安全可能造成重大危害的作业人员。

特种作业有着不同的危险因素，《中华人民共和国安全生产法》规定：生产经营单位的特种作业人员必须按照国家有关规定经专门的安全作业培训，取得相应资格，方可上岗作业。

2. 建筑施工特种作业工种

（1）住房和城乡建设部《建筑施工特种作业人员管理规定》（建质〔2008〕75号）所确定的建筑施工特种作业人员包括：

1）建筑电工。

2）建筑架子工。

3）建筑起重信号司索工。

4）建筑起重机械司机。

5）建筑起重机械安装拆卸工。

6）高处作业吊篮安装拆卸工。

7）经省级以上人民政府建设主管部门认定的其他特种作业。

（2）《江苏省建筑施工特种作业人员管理暂行办法》（苏建管质〔2009〕5号），规定了江苏省的建筑施工特种作业人员包括：

1）建筑电工。

2）建筑架子工。

3) 建筑起重信号司索工。

4) 建筑起重机械司机。

5) 建筑起重机械安装拆卸工。

6) 高处作业吊篮安装拆卸工。

7) 建筑焊工。

8) 建筑起重机械安装质量检验工。

9) 桩机操作工。

10) 建筑混凝土泵操作工。

11) 建筑施工现场场内机动车司机。

12) 其他特种作业人员。

目前，江苏省又将"建筑施工现场场内机动车司机"细分为："建筑施工现场场内叉车司机""建筑施工现场场内装载机司机""建筑施工现场场内翻斗车司机""建筑施工现场场内推土机司机""建筑施工现场场内挖掘机司机""建筑施工现场场内压路机司机""建筑施工现场场内平地机司机""建筑施工现场场内沥青混凝土摊铺机司机"等。

第二节　建筑施工特种作业人员

按照住房和城乡建设部与江苏省建设行政主管部门的规定，从事建筑施工特种作业的人员应当取得建筑施工特种作业人员操作资格证书，方可上岗从事相应作业。

1. 年龄及身体要求

年满 18 周岁且符合相应特种作业规定的年龄要求。

近 3 个月内经二级乙等以上医院体检合格且无听觉障碍、无色盲，无妨碍从事本工种的疾病（如癫痫病、高血压、心脏病、眩晕症、精神病和突发性昏厥症等）和生理缺陷。

2. 学历要求

初中及以上学历。其中，报考建筑起重机械安装质量检验工（塔式起重机、施工升降机）的人员，应符合下列条件之一：

（1）具有工程机械（建筑机械）类、电气类大专以上学历或工程机械（建筑机械）类、电气类、安全工程类助理工程师任职资格，并从事起重机设计、制造、安装调试、维修、操作、检验工作2年及其以上。

（2）具有工程机械（建筑机械）类、电气类中专、理工科（非起重专业）大专以上学历或工程机械（建筑机械）类、电气类、安全工程类技术员任职资格，并从事起重机设计、制造、安装调试、维修、操作、检验工作3年及其以上。

（3）具有高中学历并从事起重机设计、制造、安装调试、维修、操作、检验工作5年及其以上。

3. 考核要求

（1）报名

全省建筑施工特种作业人员考核、发证及管理系统集成在"江苏省建筑业监管信息平台2.0"上。建筑施工企业人员可由企业统一组织通过监管信息平台直接报名，非建筑施工企业人员向所在地考核基地报名，填报相应工种，经市县建设（筑）主管部门资格审查合格后，到经省建设行政主管部门认定的建筑施工特种作业考核基地，进行培训后参加考核。

凡申请考核、延期复核、换证的人员均须进行二代身份证信息和指静脉信息采集。采集入库的二代身份证和指静脉信息，将作为今后个人进行考核、延期复核、换证、查验的依据，如信息不吻合，将影响上述有关事项的办理。

企业可自行采集本企业申报人员二代身份证信息，指纹信息须由申报人员至考核基地进行现场采集。

（2）考核

建筑施工特种作业人员考核包括安全技术理论和安全操作技能。

考核内容分掌握、熟悉、了解三类。其中掌握即要求能运用相关特种作业知识解决实际问题；熟悉即要求能较深理解相关特种作业安全技术知识；了解即要求具有相关特种作业的基本知识。

（3）考核办法

1）安全技术理论考核。采用无纸化网络闭卷考试方式，考试时间为 2 小时，实行百分制，60 分为合格。其中，安全生产基本知识占 25％，专业基础知识占 25％，专业技术理论占 50％。

2）安全操作技能考核。采用实际操作（或模拟操作）、口试等方式，考核实行百分制，70 分为合格。

3）参考人员在安全技术理论考核合格后，方可参加实际操作技能考核。同一工种的实操考核时间不得早于理论考核时间，在实际操作技能考核合格后，可以取得相应的建筑施工特种作业人员操作资格。

4. 发证

（1）按照住房和城乡建设部《建筑施工特种作业人员管理规定》（建质〔2008〕75 号）的规定，考核发证机关对于考核合格的，应当自考核结果公布之日起 10 个工作日内颁发资格证书。资格证书采用国务院建设主管部门统一规定的式样，由考核发证机关编号后签发。资格证书在全国通用。

（2）江苏省建设行政主管部门从 2017 年下半年开始，试行发放"电子证书"。此项工作得到了住房和城乡建设部的同意。2017 年 10 月 18 日，江苏省政务服务管理办公室与省住房和城乡建设厅联合发文《关于启用住房城乡建设领域从业人员考核合格电子证书使用的有关通知》（省政务办发〔2017〕66 号），文件规定从 2017 年 12 月 1 日起，全面启用电子证书，停发同名纸质证书。根据《中华人民共和国电子签名法》规定，可靠的电子证书具备与同名纸质证书相同效力。省住房和城乡建设厅核发的电子证书，各地在公共资源交易、资质核准予以认可。

（3）电子证书式样（图 2-1）

图 2-1　电子证书的样式

第三节　建筑施工特种作业人员的权利

1. 获得劳动安全卫生的保护权利

建筑施工特种作业人员有获得用人单位提供符合国家规定的劳动安全卫生条件和必要的劳动防护用品的权利；并且有要求按照规定获得职业病健康体检、职业病诊疗、康复等职业病防治服务的权利。

2. 对安全生产状况的知情、参与和建议的权利

建筑施工特种作业人员有获得所从事的特种作业，可能面临的任何潜在危险、职业危害，安全与健康可能造成的后果的知情权；有参与判别和解决所面临的劳动安全卫生问题的权利；有对本单位的安全生产和劳动安全卫生工作建议的权利。

3. 接受职业技能教育培训的权利

建筑施工特种作业人员有接受职业技能教育和安全生产知识培训的权利，以获得对工作环境、生产过程、机械设备和危险物质等方面的有关安全卫生知识。

4. 拒绝违章指挥和强令冒险作业的权利

建筑施工特种作业人员在单位领导或者有关工程技术人员违章指挥，或者在明知存在危险因素而没有采取安全保护措施，强迫命令操作人员作业时，有拒绝工作的权利。

5. 危险状态下的紧急避险权利

在生产劳动过程中，当发现危及作业人员生命安全的情况时，作业人员有权停止工作或者撤离现场。

6. 安全生产活动的监督与批评、检举、控告和申诉的权利

建筑施工特种作业人员对用人单位遵守劳动安全卫生法律法规和标准，履行保护工人安全健康的责任的情况，有监督的权利。对用人单位违反劳动安全卫生法律法规和标准，不履行其责任的情况，作业人员有批评、检举和控告的权利。在劳动保护等方面受到用人单位不公正待遇时，作业人员有向有关部门提出申诉的权利。

对作业人员的检举、控告和申诉，建设行政主管部门和其他有关部门应当查清事实，认真处理，不得压制和打击报复。

用人单位不得因作业人员对本单位安全生产工作提出批评、检举、控告或者拒绝违章指挥、强令冒险作业及向有关部门提出申诉而降低其工资、福利等待遇或者解除与其订立的劳动合同。

7. 依法获得工伤保险的权利

生产经营单位必须依法参加工伤社会保险，为从业人员缴纳保险费。建筑施工企业必须为从事危险作业的职工办理意外伤害保险，支付保险费。当作业人员发生工伤事故时，有权依法获得相关保险的权利。

第四节　建筑施工特种作业人员的义务

1. 遵守有关安全生产的法律、法规和规章的义务

建筑施工特种作业人员在施工活动中，应当遵守有关安全生产的法律、法规和规章。遵守建筑施工安全强制性标准和用人单位的规章制度，严格按照操作规程操作，做到不违规作业、不违章作业。

2. 提高职业技能和安全生产操作水平的义务

建筑施工特种作业人员面对建筑施工活动中的复杂性和多样性，要不断提高职业技能水平。在未上岗之前应参加岗前技能培训和安全生产操作能力的培训，掌握安全操作知识和技能，取得相应合格证书后方可上岗工作。已在工作岗位上的人员，还必须经常性地参加有关教育培训，熟练掌握本工种的各项安全操作技能，不断提高职业技能和安全生产操作水平。

3. 遵守劳动纪律的义务

建筑施工特种作业人员应严格遵守用人单位的劳动纪律。劳动纪律是用人单位为形成和维持生产经营秩序，保证劳动合同得以履行，要求全体员工在集体劳动、工作、生活过程中以及与劳动、工作紧密相关的其他过程中必须共同遵守的规则。

4. 发现事故隐患和其他不安全因素，立即报告的义务

建筑施工特种作业人员在施工现场直接承担具体的作业活动，更容易发现事故隐患或者其他不安全因素，一旦发现事故隐患或者其他不安全因素，作业人员应当立即向现场安全生产管理人员或者本单位负责人报告，不得隐瞒不报或者拖延报告。如果作业人员发现所报告的事故隐患或者其他不安全因素得不到解决，作业人员也可以越级上报。

5. 完成生产任务的义务

建筑施工特种作业人员完成合理的生产任务是应尽的义务，也是取得劳动报酬的基本条件。作业人员在完成合理生产任务的前提下，还应该保证质量，争做生产劳动的积极分子，为企业经济效益、为社会财富的积累、为国家的发展做出自己应有的贡献。

第五节　建筑施工特种作业人员的管理

根据住房和城乡建设部的规定，省、自治区、直辖市人民政府建设主管部门或者其委托的考核机构负责本行政区域内建筑施工特种作业人员的考核工作。

1. 建设行政主管部门的管理职责

（1）省建设行政主管部门的管理职责

1）负责全省范围内建筑施工特种作业人员的考核监督管理工作。

2）研究制定特种作业人员执业资格考核标准、考核大纲，建立相应工种的试题库。

3）认证特种作业人员执业资格考核基地。

4）负责特种作业人员执业资格考核工作的师资教育培训，监督管理考核考务工作。

5）负责特种作业人员执业证书的颁发和管理。

6）负责特种作业人员统计信息工作。

7）其他监督管理工作。

（2）受委托的市、县建设（筑）行政主管部门的管理职责

1）负责本行政区域内特种作业人员的监督管理工作，制定本地区特种作业人员考核发证管理制度，建立本地区特种作业人员档案。

2）负责考核基地的初审和考评人员的日常管理。

3）负责特种作业人员考核工作的组织实施。

4）负责特种作业人员考核、延期复核、换证的市、县分级审核。

5）负责特种作业人员执业继续教育。

6）负责特种作业人员的统计信息工作。

7）监督检查特种作业人员的从业活动，查处违章行为并记录在档。

8）其他监督管理工作。

2. 用人单位的管理职责

（1）用人单位对于首次取得执业资格证书的人员，应当在其正式上岗前安排不少于 3 个月的实习操作。实习操作期间，用人单位应当指定专人指导和监督作业。实习操作期满经用人单位考核合格方可独立作业（所指定的专人应当从已取得相应特种作业资格证书、从事相关工作 3 年以上、无不良记录的熟练工中选取）。

（2）与持有效执业资格证书的特种作业人员订立劳动合同。

（3）制定并落实本单位特种作业安全操作规程和安全管理制度。

（4）书面告知特种作业人员违章操作的危害。

（5）向特种作业人员提供齐全、合格的安全防护用品和安全的作业条件。

（6）组织或者委托有能力的培训机构对本单位特种作业人员进行年度安全生产教育培训或者继续教育，时间不少于 24 小时。

（7）建立本单位特种作业人员管理档案。

（8）查处特种作业人员违章行为并记录在档。

（9）法律法规及有关规定明确的其他职责。

3. 特种作业人员应履行的职责

（1）严格遵守国家有关安全生产规定和本单位的规章制度，按照安全技术标准、规范和规程进行作业。

（2）正确佩戴和使用安全防护用品，并按规定对作业工具和设备进行维护保养。

（3）在施工中发生危及人身安全的紧急情况时，有权立即停止作业或者撤离危险区域，并向施工现场专职安全生产管理人员和项目负责人报告。

（4）自觉参加年度安全教育培训或者继续教育，每年不得少于 24 小时。

（5）拒绝违章指挥，并制止他人违章作业。

（6）法律法规及有关规定明确的其他职责。

4. 特种作业人员资格证书的延期

建筑施工特种作业人员执业资格证书有效期为 2 年。有效期满需要延期的，持证人员本人应当在期满前 3 个月内，向原市县考核受理机关提出申请，市县建设行政主管部门初审后，向省建设行政主管部门申请办理延期复核相关手续。延期复核合格的，证书有效期延期 2 年。

（1）特种作业人员申请资格证书延期复核，应当提交下列材料：

1）延期复核申请表。

2）身份证（原件和复印件）。

3）近 3 个月内由二级乙等以上医院出具的体检合格证明。

4）年度安全教育培训证明和继续教育证明。

5）用人单位出具的特种作业人员管理档案记录。

6）规定提交的其他资料。

（2）特种作业人员在资格证书有效期内，有下列情形之一的，延期复核结果为不合格：

1）超过相关工种规定年龄要求的。

2）身体健康状况不再适应相应特种作业岗位的。

3）对生产安全事故负有直接责任的。

4）2 年内违章操作记录达 3 次（含 3 次）以上的。

5）未按规定参加年度安全教育培训或者继续教育的。

6）规定的其他情形。

（3）市县建设行政主管部门在接到特种作业人员提交的延期复核申请后，应当根据下列情况分别作出处理：

1）对于不符合延期复核申请相关情形的，市县建设行政主管部门自收到延期复核资料之日起 5 个工作日内作出不予延期决定，并说明理由。

2）对于提交资料齐全且符合延期复审申请相关情形的，省建设行政主管部门自收到市县建设行政主管部门延期复核相关手续之日起 10 个工作日内办理准予延期复核手续。

（4）省建设行政主管部门应当在资格证书有效期满前按相关规定作出决定，逾期未作出决定的，视为延期复核合格。

5. 特种作业人员资格证书的撤销与注销

（1）省建设行政主管部门对有下列情形之一的，应当撤销资格证书：

1）持证人弄虚作假骗取资格证书或者办理延期手续的。

2）工作人员违法核发资格证书的。

3）持证人员因安全生产责任事故承担刑事责任的。

4）规定应当撤销的其他情形。

（2）省建设行政主管部门对有下列情形之一的，应当注销资格证书：

1）按规定不予延期的。

2）持证人逾期未申请办理延期复核手续的。

3）持证人死亡或者不具有完全民事行为能力的。

4）本人提出要求的。

5）规定应当注销的其他情形。

6. 特种作业人员管理的其他要求

（1）持有特种作业资格证书的执业人员，应当受聘于建筑施工企业或者建筑起重机械出租单位（以下简称用人单位），方可从事相应的特种作业。

（2）任何单位和个人不得非法涂改、倒卖、出租、出借或者以其他形式转让资格证书。

（3）特种作业人员变动工作单位，任何单位和个人不得以任何理由非法扣押其执业资格证书。

（4）各地应当建立举报制度，公开举报电话或者电子信箱，受理有关特种作业人员考核、发证以及延期复核的举报。对受理的举报，有关机关和工作人员应当及时妥善处理。

第三章 建筑施工安全生产相关
法规及管理制度

第一节 建筑安全生产相关法律主要内容

《中华人民共和国宪法》规定：国家通过各种途径，创造劳动就业条件，加强劳动保护，改善劳动条件，并在发展生产的基础上，提高劳动报酬和福利待遇。

劳动是一切有劳动能力的公民的光荣职责。国有企业和城乡集体经济组织的劳动者都应当以国家主人翁的态度对待自己的劳动。国家提倡社会主义劳动竞赛，奖励劳动模范和先进工作者。

1. 《中华人民共和国建筑法》相关内容

（1）建筑活动应当确保建筑工程质量和安全，符合国家的建筑工程安全标准。

（2）从事建筑活动应当遵守法律、法规，不得损害社会公共利益和他人的合法权益。

（3）建筑工程安全生产管理必须坚持安全第一、预防为主的方针，建立健全安全生产的责任制度和群防群治制度。

（4）建筑施工企业应当在施工现场采取维护安全、防范危险、预防火灾等措施；有条件的，应当对施工现场实行封闭管理。

施工现场对毗邻的建筑物、构筑物和特殊作业环境可能造成损害的，建筑施工企业应当采取安全防护措施。

（5）建筑施工企业应当遵守有关环境保护和安全生产的法律、法规的规定，采取控制和处理施工现场的各种粉尘、废气、废水、固体废物以及噪声、振动对环境的污染和危害的措施。

（6）建筑施工企业必须依法加强对建筑安全生产的管理，执行安全生产责任制度，采取有效措施，防止伤亡和其他安全生产事故的发生。

建筑施工企业的法定代表人对本企业的安全生产负责。

（7）施工现场安全由建筑施工企业负责。实行施工总承包的，由总承包单位负责。分包单位向总承包单位负责，服从总承包单位对施工现场的安全生产管理。

（8）建筑施工企业应当建立健全劳动安全生产教育培训制度，加强对职工安全生产的教育培训；未经安全生产教育培训的人员，不得上岗作业。

（9）建筑施工企业和作业人员在施工过程中，应当遵守有关安全生产的法律、法规和建筑行业安全规章、规程，不得违章指挥或者违章作业。作业人员有权对影响人身健康的作业程序和作业条件提出改进意见，有权获得安全生产所需的防护用品。作业人员对危及生命安全和人身健康的行为有权提出批评、检举和控告。

（10）建筑施工企业应当依法为职工参加工伤保险缴纳工伤保险费。鼓励企业为从事危险作业的职工办理意外伤害保险，支付保险费。

（11）施工中发生事故时，建筑施工企业应当采取紧急措施减少人员伤亡和事故损失，并按照国家有关规定及时向有关部门报告。

2.《中华人民共和国安全生产法》相关内容

（1）生产经营单位必须遵守本法和其他有关安全生产的法律、法规，加强安全生产管理，建立、健全安全生产责任制和安全生产规章制度，改善安全生产条件，推进安全生产标准化建设，提高安全生产水平，确保安全生产。

（2）有关协会组织依照法律、行政法规和章程，为生产经营单位提供安全生产方面的信息、培训等服务，发挥自律作用，促进生产经营单位加强安全生产管理。

（3）国家实行生产安全事故责任追究制度，依照本法和有关法律、法规的规定，追究生产安全事故责任人员的法律责任。

（4）生产经营单位应当对从业人员进行安全生产教育和培训，保证从业人员具备必要的安全生产知识，熟悉有关的安全生产规章制度和安全操作规程，掌握本岗位的安全操作技能，了解事故应急处理措施，知悉自身在安全生产方面的权利和义务。未经安全生产教育和培训合格的从业人员，不得上岗作业。

（5）生产经营单位的特种作业人员必须按照国家有关规定经专门的安全作业培训，取得相应资格，方可上岗作业。

（6）生产经营单位应当建立健全生产安全事故隐患排查治理制度，采取技术、管理措施，及时发现并消除事故隐患。事故隐患排查治理情况应当如实记录，并向从业人员通报。

（7）承担安全评价、认证、检测、检验的机构应当具备国家规定的资质条件，并对其作出的安全评价、认证、检测、检验的结果负责。

（8）负有安全生产监督管理职责的部门应当建立举报制度，公开举报电话、信箱或者电子邮件地址，受理有关安全生产的举报；受理的举报事项经调查核实后，应当形成书面材料；需要落实整改措施的，报经有关负责人签字并督促落实。

（9）任何单位或者个人对事故隐患或者安全生产违法行为，均有权向负有安全生产监督管理职责的部门报告或者举报。

（10）新闻、出版、广播、电影、电视等单位有进行安全生产宣传教育的义务，有对违反安全生产法律、法规的行为进行舆论监督的权利。

3.《中华人民共和国特种设备安全法》相关内容

（1）特种设备生产、经营、使用单位应当遵守本法和其他有关法律、法规，建立、健全特种设备安全和节能责任制度，加强特种设备安全和节能管理，确保特种设备生产、经营、使用安全，符合节能要求。

（2）任何单位和个人有权向负责特种设备安全监督管理的部

门和有关部门举报涉及特种设备安全的违法行为，接到举报的部门应当及时处理。

（3）特种设备生产、经营、使用单位及其主要负责人对其生产、经营、使用的特种设备安全负责。

特种设备生产、经营、使用单位应当按照国家有关规定配备特种设备安全管理人员、检测人员和作业人员，并对其进行必要的安全教育和技能培训。

（4）特种设备安全管理人员、检测人员和作业人员应当按照国家有关规定取得相应资格，方可从事相关工作。特种设备安全管理人员、检测人员和作业人员应当严格执行安全技术规范和管理制度，保证特种设备安全。

（5）特种设备使用单位应当建立岗位责任、隐患治理、应急救援等安全管理制度，制定操作规程，保证特种设备安全运行。

（6）特种设备使用单位应当建立特种设备安全技术档案。

安全技术档案应当包括以下内容：

1）特种设备的设计文件、产品质量合格证明、安装及使用维护保养说明、监督检验证明等相关技术资料和文件。

2）特种设备的定期检验和定期自行检查记录。

3）特种设备的日常使用状况记录。

4）特种设备及其附属仪器仪表的维护保养记录。

5）特种设备的运行故障和事故记录。

（7）特种设备的使用应当具有规定的安全距离、安全防护措施。

（8）特种设备使用单位应当对其使用的特种设备进行经常性维护保养和定期自行检查，并作出记录。

特种设备使用单位应当对其使用的特种设备的安全附件、安全保护装置进行定期校验、检修，并作出记录。

（9）特种设备使用单位应当按照安全技术规范的要求，在检验合格有效期届满前一个月向特种设备检验机构提出定期检验要求。

特种设备检验机构接到定期检验要求后，应当按照安全技术规范的要求及时进行安全性能检验。特种设备使用单位应当将定期检验标志置于该特种设备的显著位置。

未经定期检验或者检验不合格的特种设备，不得继续使用。

（10）特种设备安全管理人员应当对特种设备使用状况进行经常性检查，发现问题应当立即处理；情况紧急时，可以决定停止使用特种设备并及时报告本单位有关负责人。

特种设备作业人员在作业过程中发现事故隐患或者其他不安全因素，应当立即向特种设备安全管理人员和单位有关负责人报告；特种设备运行不正常时，特种设备作业人员应当按照操作规程采取有效措施保证安全。

（11）特种设备出现故障或者发生异常情况，特种设备使用单位应当对其进行全面检查，消除事故隐患，方可继续使用。

（12）负责特种设备安全监督管理的部门在依法履行监督检查职责时，可以行使下列职权：

1）进入现场进行检查，向特种设备生产、经营、使用单位和检验、检测机构的主要负责人和其他有关人员调查、了解有关情况。

2）根据举报或者取得的涉嫌违法证据，查阅、复制特种设备生产、经营、使用单位和检验、检测机构的有关合同、发票、账簿以及其他有关资料。

3）对有证据表明不符合安全技术规范要求或者存在严重事故隐患的特种设备实施查封、扣押。

4）对流入市场的达到报废条件或者已经报废的特种设备实施查封、扣押。

5）对违反本法规定的行为作出行政处罚决定。

（13）特种设备使用单位应当制定特种设备事故应急专项预案，并定期进行应急演练。

（14）特种设备发生事故后，事故发生单位应当按照应急预案采取措施，组织抢救，防止事故扩大，减少人员伤亡和财产损失，保护事故现场和有关证据，并及时向事故发生地县级以上人民政府负责特种设备安全监督管理的部门和有关部门报告。

与事故相关的单位和人员不得迟报、谎报或者瞒报事故情况，不得隐匿、毁灭有关证据或者故意破坏事故现场。

4.《中华人民共和国劳动合同法》相关内容

（1）用人单位自用工之日起即与劳动者建立劳动关系。用人单位应当建立职工名册备查。

（2）用人单位招用劳动者时，应当如实告知劳动者工作内容、工作条件、工作地点、职业危害、安全生产状况、劳动报酬，以及劳动者要求了解的其他情况；用人单位有权了解劳动者与劳动合同直接相关的基本情况，劳动者应当如实说明。

（3）用人单位招用劳动者，不得扣押劳动者的居民身份证和其他证件，不得要求劳动者提供担保或者以其他名义向劳动者收取财物。

（4）建立劳动关系，应当订立书面劳动合同。

已建立劳动关系，未同时订立书面劳动合同的，应当自用工之日起一个月内订立书面劳动合同。

用人单位与劳动者在用工前订立劳动合同的，劳动关系自用工之日起建立。

（5）劳动合同无效或者部分无效的情形：

1）以欺诈、胁迫的手段或者乘人之危，使对方在违背真实意思的情况下订立或者变更劳动合同的。

2）用人单位免除自己的法定责任、排除劳动者权利的。

3）违反法律、行政法规强制性规定的。

对劳动合同的无效或者部分无效有争议的，由劳动争议仲裁机构或者人民法院确认。

（6）用人单位应当按照劳动合同约定和国家规定，向劳动者及时足额支付劳动报酬。

用人单位拖欠或者未足额支付劳动报酬的，劳动者可以依法向当地人民法院申请支付令，人民法院应当依法发出支付令。

（7）用人单位应当严格执行劳动定额标准，不得强迫或者变相强迫劳动者加班。用人单位安排加班的，应当按照国家有关规定向劳动者支付加班费。

（8）劳动者拒绝用人单位管理人员违章指挥、强令冒险作业的，不视为违反劳动合同。

劳动者对危害生命安全和身体健康的劳动条件，有权对用人单位提出批评、检举和控告。

5.《中华人民共和国刑法》相关内容

（1）【重大责任事故罪】在生产、作业中违反有关安全管理的规定，因而发生重大伤亡事故或者造成其他严重后果的，处三年以下有期徒刑或者拘役；情节特别恶劣的，处三年以上七年以下有期徒刑。

（2）【强令违章冒险作业罪】强令他人违章冒险作业，因而发生重大伤亡事故或者造成其他严重后果的，处五年以下有期徒刑或者拘役；情节特别恶劣的，处五年以上有期徒刑。

（3）【重大劳动安全事故罪】安全生产设施或者安全生产条件不符合国家规定，因而发生重大伤亡事故或者造成其他严重后果的，对直接负责的主管人员和其他直接责任人员，处三年以下有期徒刑或者拘役；情节特别恶劣的，处三年以上七年以下有期徒刑。

（4）【工程重大安全事故罪】建设单位、设计单位、施工单位、工程监理单位违反国家规定，降低工程质量标准，造成重大安全事故的，对直接责任人员，处五年以下有期徒刑或者拘役，并处罚金；后果特别严重的，处五年以上十年以下有期徒刑，并处罚金。

（5）【消防责任事故罪】违反消防管理法规，经消防监督机构通知采取改正措施而拒绝执行，造成严重后果的，对直接责任人员，处三年以下有期徒刑或者拘役；后果特别严重的，处三年以上七年以下有期徒刑。

（6）【不报、谎报安全事故罪】在安全事故发生后，负有报告职责的人员不报或者谎报事故情况，贻误事故抢救，情节严重的，处三年以下有期徒刑或者拘役；情节特别严重的，处三年以上七年以下有期徒刑。

第二节　建筑安全生产相关法规主要内容

1.《建设工程安全生产管理条例》

该条例规定了施工单位的相关安全责任，包括：依法取得资质和承揽工程；建立健全安全生产制度和操作规程；保证本单位安全生产条件所需资金的投入；设立安全生产管理机构，配备专职安全生产管理人员；总承包单位对施工现场的安全生产负总责；总承包单位和分包单位对分包工程的安全生产承担连带责任；特种作业人员必须按照国家有关规定经过专门的安全作业培训，并取得特种作业操作资格证书；施工单位的施工组织设计及专项施工方案管理责任；建设工程施工安全技术交底责任；施工现场、办公、生活区安全文明管理责任；相邻建筑物及环保管理责任；施工现场防火管理责任；施工作业人员安全防护及劳保管理责任；施工机械管理责任；施工单位的主要负责人、项目负责人、专职安全生产管理人员任职管理责任；施工单位对管理人员和作业人员的安全生产教育培训管理责任；施工单位为施工现场从事危险作业的人员办理意外伤害保险等相关安全责任。

相关内容：

（1）垂直运输机械作业人员、安装拆卸工、爆破作业人员、起重信号工、登高架设作业人员等特种作业人员，必须按照国家有关规定经过专门的安全作业培训，并取得特种作业操作资格证书后，方可上岗作业。

（2）施工单位应当在施工现场入口处、施工起重机械、临时用电设施、脚手架、出入通道口、楼梯口、电梯井口、孔洞口、桥梁口、隧道口、基坑边沿、爆破物及有害危险气体和液体存放处等危险部位，设置明显的安全警示标志。安全警示标志必须符合国家标准。

施工单位应当根据不同施工阶段和周围环境及季节、气候的变化，在施工现场采取相应的安全施工措施。施工现场暂时停止施工的，施工单位应当做好现场防护，所需费用由责任方承担，或者按照合同约定执行。

（3）施工单位应当向作业人员提供安全防护用具和安全防护服装，并书面告知危险岗位的操作规程和违章操作的危害。

作业人员有权对施工现场的作业条件、作业程序和作业方式中存在的安全问题提出批评、检举和控告，有权拒绝违章指挥和强令冒险作业。

在施工中发生危及人身安全的紧急情况时，作业人员有权立即停止作业或者在采取必要的应急措施后撤离危险区域。

2.《生产安全事故报告和调查处理条例》

该条例对事故报告、事故调查、事故等级及事故处理作出了如下规定：

（1）根据生产安全事故（以下简称事故）造成的人员伤亡或者直接经济损失，事故一般分为以下等级：

1）特别重大事故，是指造成 30 人（含 30 人）以上死亡，或者 100 人（含 100 人）以上重伤（包括急性工业中毒，下同），或者 1 亿元（含 1 亿元）以上直接经济损失的事故。

2）重大事故，是指造成 10 人（含 10 人）以上 30 人以下死亡，或者 50 人（含 50 人）以上 100 人以下重伤，或者 5000 万元（含 5000 万元）以上 1 亿元以下直接经济损失的事故。

3）较大事故，是指造成 3 人（含 3 人）以上 10 人以下死亡，或者 10 人（含 10 人）以上 50 人以下重伤，或者 1000 万元（含 1000 万元）以上 5000 万元以下直接经济损失的事故。

4）一般事故，是指造成 3 人以下死亡，或者 10 人以下重伤，或者 1000 万元以下直接经济损失的事故。

（2）事故发生后，事故现场有关人员应当立即向本单位负责人报告；单位负责人接到报告后，应当于 1 小时内向事故发生地县级以上人民政府安全生产监督管理部门和负有安全生产监督管理职责的有关部门报告。

情况紧急时，事故现场有关人员可以直接向事故发生地县级以上人民政府安全生产监督管理部门和负有安全生产监督管理职责的有关部门报告。

（3）事故调查组有权向有关单位和个人了解与事故有关的情况，并要求其提供相关文件、资料，有关单位和个人不得拒绝。

事故发生单位的负责人和有关人员在事故调查期间不得擅离职守，并应当随时接受事故调查组的询问，如实提供有关情况。

事故调查中发现涉嫌犯罪的，事故调查组应当及时将有关材料或者其复印件移交司法机关处理。

3. 《特种设备安全监察条例》

（1）特种设备生产、使用单位应当建立健全特种设备安全、节能管理制度和岗位安全、节能责任制度。

特种设备生产、使用单位的主要负责人应当对本单位特种设备的安全和节能全面负责。

特种设备生产、使用单位和特种设备检验检测机构，应当接受特种设备安全监督管理部门依法进行的特种设备安全监察。

（2）特种设备出现故障或者发生异常情况，使用单位应当对其进行全面检查，消除事故隐患后，方可重新投入使用。

（3）特种设备使用单位应当对特种设备作业人员进行特种设备安全、节能教育和培训，保证特种设备作业人员具备必要的特种设备安全、节能知识。

特种设备作业人员在作业中应当严格执行特种设备的操作规程和有关的安全规章制度。

（4）特种设备作业人员在作业过程中发现事故隐患或者其他不安全因素，应当立即向现场安全管理人员和单位有关负责人报告。

第三节 建筑安全生产相关 规章及规范性文件主要内容

1.《建筑起重机械安全监督管理规定》

（1）使用单位应当履行下列安全职责：

1）根据不同施工阶段、周围环境以及季节、气候的变化，对建筑起重机械采取相应的安全防护措施。

2）制定建筑起重机械生产安全事故应急救援预案。

3）在建筑起重机械活动范围内设置明显的安全警示标志，对集中作业区做好安全防护。

4）设置相应的设备管理机构或者配备专职的设备管理人员。

5）指定专职设备管理人员、专职安全生产管理人员进行现场监督检查。

6）建筑起重机械出现故障或者发生异常情况的，立即停止使用，消除故障和事故隐患后，方可重新投入使用。

（2）使用单位应当对在用的建筑起重机械及其安全保护装置、吊具、索具等进行经常性和定期的检查、维护和保养，并做好记录。

（3）禁止擅自在建筑起重机械上安装非原制造厂制造的标准节和附着装置。

（4）建筑起重机械特种作业人员应当遵守建筑起重机械安全操作规程和安全管理制度，在作业中有权拒绝违章指挥和强令冒险作业，有权在发生危及人身安全的紧急情况时立即停止作业或者采取必要的应急措施后撤离危险区域。

（5）建筑起重机械安装拆卸工、起重信号工、起重司机、司索工等特种作业人员应当经建设主管部门考核合格，并取得特种作业操作资格证书后，方可上岗作业。

省、自治区、直辖市人民政府建设主管部门负责组织实施建筑施工企业特种作业人员的考核。

2. 《危险性较大的分部分项工程安全管理办法》

该办法对危险性较大的分部分项工程，即房屋建筑和市政基础设施工程在施工过程中，容易导致人员群死群伤或者造成重大经济损失的分部分项工程的前期保障、专项施工方案、现场安全管理及监督管理明确了具体要求。

（1）施工单位应当在施工现场显著位置公告危大工程名称、施工时间和具体责任人员，并在危险区域设置安全警示标志。

（2）专项施工方案实施前，编制人员或者项目技术负责人应当向施工现场管理人员进行方案交底。

施工现场管理人员应当向作业人员进行安全技术交底，并由双方和项目专职安全生产管理人员共同签字确认。

（3）施工单位应当对危大工程施工作业人员进行登记，项目负责人应当在施工现场履职。

项目专职安全生产管理人员应当对专项施工方案实施情况进行现场监督，对未按照专项施工方案施工的，应当要求立即整改，并及时报告项目负责人，项目负责人应当及时组织限期整改。

施工单位应当按照规定对危大工程进行施工监测和安全巡视，发现危及人身安全的紧急情况，应当立即组织作业人员撤离危险区域。

（4）危大工程发生险情或者事故时，施工单位应当立即采取应急处置措施，并报告工程所在地住房和城乡建设主管部门。建设、勘察、设计、监理等单位应当配合施工单位开展应急抢险工作。

第四章 建筑施工安全防护基本知识

第一节 个人安全防护用品的使用

1. 安全帽

安全帽是对人的头部受坠落物及其他特定因素引起的伤害起防护作用的防护用品。由帽壳、帽衬、下颌带和帽箍等组成。

施工现场工人必须佩戴安全帽。

（1）安全帽的作用

主要是为了保护头部不受到伤害，并在出现以下几种情况时保护人的头部不受伤害或降低头部受伤害的程度。

1）飞来或坠落下来的物体击向头部时。

2）当作业人员从 2m 及以上的高处坠落下来时。

3）当头部有可能触电时。

4）在低矮的部位行走或作业，头部有可能碰到尖锐、坚硬的物体时。

（2）安全帽佩戴注意事项

安全帽的佩戴要符合标准，使用应符合规定。佩戴时要注意下列事项：

1）戴安全帽前应将调整带按自己头型调整到适合的位置，然后将帽内弹性带系牢。缓冲衬垫的松紧由带子调节，人的头顶和帽体内顶部的空间垂直距离一般在 25～50mm，这样才能保证当遭受到冲击时，帽体有足够的空间可供缓冲，平时也有利于头和帽体间的通风。

2）不要把安全帽歪戴，也不要把帽檐戴在脑后方，否则，会降低安全帽对于冲击的防护作用。

3）为充分发挥保护力，安全帽佩戴时必须按头围的大小调整帽箍并系紧下颌带。

4）安全帽体顶部除了在帽体内部安装了帽衬外，有的还开了小孔通风。但在使用时不要为了透气而随便再行开孔，因为这样会降低帽体的强度。

5）安全帽要定期检查。检查有没有龟裂、下凹、裂痕和磨损等情况，发现异常现象要立即更换，不准再继续使用。任何受过重击、有裂痕的安全帽，不论有无损坏现象，均应报废。

6）在现场室内作业也要戴安全帽，特别是在室内带电作业时，更要认真戴好安全帽，因为安全帽不但可以防碰撞，而且还能起到绝缘作用。

7）平时使用安全帽时应保持整洁，不能接触火源，不要任意涂刷油漆，不准当凳子坐。如果丢失或损坏，必须立即补发或更换，无安全帽一律不准进入施工现场。

2. 安全带

安全带是用于防止高处作业人员发生坠落或发生坠落后将作业人员安全悬挂的个体防护装备，主要由安全绳、缓冲器、主带、辅带等部件组成。

为了防止作业者在某个高度和位置上可能出现的坠落，作业者在登高和高处作业时，必须系挂好安全带。安全带的使用和维护有以下几点要求：

（1）高处作业施工前，应对作业人员进行安全技术教育及交底，并应配备相应防护用品。作业人员应从思想上重视安全带的作用，作业前必须按规定要求系好安全带。

（2）安全带在使用前要检查各部位是否完好无损，所有零部件应顺滑，无材料或制造缺陷，无尖角或锋利边缘。

（3）挂点强度应满足安全带的负荷要求，挂点不是安全带的组成部分，但同安全带的使用密切相关。高处作业如无固定挂点，应采用适当强度的钢丝绳或采取其他方法悬挂。禁止挂在移动或带尖锐棱角或不牢固的物件上。

（4）高挂低用。将安全带挂在高处，人在下面工作就叫高挂低用。它可以使坠落发生时的实际冲击距离减小。与之相反的是低挂高用。因为当坠落发生时，实际冲击的距离会加大，人和绳都要受到较大的冲击负荷。所以安全带必须高挂低用，严禁低挂高用。

（5）安全带保护套要保持完好，以防绳被磨损。若发现保护套损坏或脱落，必须加上新套后再使用。

（6）安全带严禁擅自接长使用。如果使用 3m 及以上的长绳时必须要加缓冲器，各部件不得任意拆除。

（7）安全带在使用后，要注意维护和保管。要经常检查安全带缝制部分和挂钩部分，必须详细检查捻线是否发生裂断和残损等。

（8）安全带不使用时要妥善保管，不可接触高温、明火、强酸、强碱或尖锐物体，不要存放在潮湿的仓库中保管。

（9）安全带在使用两年后应抽验一次，频繁使用应经常进行外观检查，发现异常必须立即更换。定期或抽样试验用过的安全带，不准再继续使用。

3. 防护服

建筑施工现场作业人员应穿着工作服。焊工的工作服一般为白色，其他工种的工作服没有颜色的限制。

（1）防护服的分类

建筑施工现场的防护服主要有以下几类：

1）全身防护型工作服。

2）防毒工作服。

3）耐酸工作服。

4）耐火工作服。

5）隔热工作服。

6）通气冷却工作服。

7）通水冷却工作服。

8）防射线工作服。

9）劳动防护雨衣。

10）普通工作服。

（2）防护服的穿着

施工现场对作业人员防护服的穿着要求主要有：

1）作业人员作业时必须穿着工作服。

2）操作转动机械时，袖口必须扎紧。

3）从事特殊作业的人员必须穿着特殊作业防护服。

4）焊工工作服应是白色帆布制作。

4. 防护鞋

防护鞋的种类比较多，应根据作业场所和内容的不同选择使用。电力建设施工现场上常用的有绝缘鞋（靴）、焊接防护鞋、耐酸碱橡胶靴及皮安全鞋等。

对绝缘鞋（靴）的要求有：

（1）必须在规定的电压范围内使用。

（2）绝缘鞋（靴）胶料部分无破损，且每半年作一次预防性试验。

（3）在浸水、油、酸、碱等条件上不得作为辅助安全用具使用。

5. 防护手套

使用防护手套时，必须对工件、设备及作业情况进行分析之后，选择适当材料制作、操作方便的手套，方能起到保护作用。施工现场上常用的防护手套有下列几种：

（1）劳动保护手套。具有保护手和手臂的功能，作业人员工作时一般都使用这类手套。

（2）带电作业用绝缘手套。要根据电压选择适当的手套，检查表面有无裂痕、发黏、发脆等缺陷，如有异常禁止使用。

（3）耐酸、耐碱手套。主要用于接触酸和碱时戴的手套。

（4）橡胶耐油手套。主要用于接触矿物油、植物油及脂肪簇的各种溶剂作业时戴的手套。

（5）焊工手套。电、火焊工作业时戴的防护手套，应检查皮革或帆布表面有无僵硬、薄挡、洞眼等残缺现象，如有缺陷，不准使用。手套要有足够的长度，手腕部不能裸露在外边。

第二节　安全色与安全标志

安全色和安全标志是国家规定的两个传递安全信息的标准。尽管安全色和安全标志是一种消极的、被动的、防御性的安全警告装置，并不能消除、控制危险，不能取代其他防范安全生产事故的各种措施，但它们形象而醒目地向人们提供了禁止、警告、指令、提示等安全信息，对于预防安全生产事故的发生具有重要作用。

1. 安全色的概念

安全色，就是传递安全信息含义的颜色，包括红、蓝、黄、绿四种颜色。对比色，是使安全色更加醒目的反衬色，包括黑、白两种颜色。对比色要与安全色同时使用。

安全色适用于工业企业、交通运输、建筑、消防、仓库、医院及剧场等公共场所使用的信号和标志的表面色，不适用于灯光信号、航海、内河航运以及其他目的而使用的颜色。

2. 安全色的含义

安全色的红、蓝、黄、绿四种颜色，分别代表不同的含义。

（1）红色。表示禁止、停止、危险以及消防设备的意思。凡是禁止、停止、消防和有危险的器件或环境均应涂以红色的标记作为警示的信号。

（2）蓝色。表示指令，要求人们必须遵守的规定。

（3）黄色。表示提醒人们注意。凡是警告人们注意的器件、设备及环境都应以黄色表示。

（4）绿色。表示给人们提供允许、安全的信息。

（5）对比色与安全色同时使用。

（6）安全色与对比色的相间条纹：

红色与白色相间条纹——表示禁止人们进入危险环境。

黄色与黑色相间条纹——表示提示人们特别注意的意思。

蓝色和白色相间条纹——表示必须遵守规定的意思。

绿色和白色相间条纹——与提示标志牌同时使用，更为醒目地提示人们。

3. 安全色的使用

安全色的使用范围很广，可以使用在安全标志上，也可以直接使用在机械设备上；可以在室内使用，也可以在户外使用。如红色的，各种禁止标志；黄色的，各种警告标志；蓝色的，各种指令标志；绿色的，各种提示标志等。

安全色有规定的颜色范围，超出范围就不符合安全色的要求。颜色范围所规定的安全色是最不容易互相混淆的颜色。对比色是为了使安全色更加醒目而采用的反衬色，它的作用是提高物体颜色的对比度。

4. 安全标志的概念

安全标志是用以表达特定安全信息的标志，由图形符号、安全色、几何图形（边框）或文字构成。

安全标志适用于工矿企业、建筑工地、厂内运输和其他有必要提醒人们注意安全的场所。使用安全标志，能够引起人们对不安全因素的注意，从而达到预防事故、保证安全的目的。但是，安全标志的使用只是起到提示、提醒的作用，它不能代替安全操作规程，也不能代替其他的安全防护措施。

5. 安全标志的种类

安全标志分禁止标志、警告标志、指令标志和提示标志四大类型。

（1）禁止标志。禁止标志的含义是禁止人们不安全行为的图形标志。其基本形式是带斜杠的圆边框，采用红色作为安全色。

（2）警告标志。警告标志的基本含义是提醒人们对周围环境引起注意，以避免可能发生危险的图形标志。其基本形式是正三角形边框，采用黄色作为安全色。

（3）指令标志。指令标志的含义是强制人们必须做出某种动作或采用防范措施的图形标志。其基本形式是圆形边框，采用蓝色作为安全色。

（4）提示标志。提示标志的含义是向人们提供某种信息（如标明安全设施或场所等）的图形标志。其基本形式是正方形边框，采用绿色作为安全色。

第三节　高处作业安全知识

1. 高处作业的基本概念

凡在坠落高度基准面 2m 及以上，有可能坠落的高处进行的作业，均称为高处作业。

2. 建筑施工高处作业常见形式及安全措施

（1）临边作业

临边作业是指在工作面边沿无围护或围护设施高度低于800mm 的高处作业，包括楼板边、楼梯段边、屋面边、阳台边及各类坑、沟、槽等边沿的高处作业。

1）进行临边作业时，应在临空一侧设置防护栏杆，并应采用密目式安全立网或工具式栏板封闭。

2）分层施工的楼梯口、楼梯平台和梯段边，应安装防护栏杆；外设楼梯口、楼梯平台和梯段边还应采用密目式安全立网封闭。

3）建筑物外围边沿处，应采用密目式安全立网进行全封闭，有外脚手架的工程，密目式安全立网应设置在脚手架外侧立杆上，并与脚手杆紧密连接；没有外脚手架的工程，应采用密目式安全立网将临边全封闭。

4）施工升降机、龙门架和井架物料提升机等各类垂直运输设备设施与建筑物间设置的通道平台两侧边，应设置防护栏杆、挡脚板，并应采用密目式安全立网或工具式栏板封闭。

5）各类垂直运输接料平台口应设置高度不低于 1.80m 的楼层防护门，并应设置防外开装置；多笼井架物料提升机通道中间，应分别设置隔离设施。

（2）洞口作业

洞口作业是指在地面、楼面、屋面和墙面等有可能使人和物料坠落，其坠落高度大于或等于2m的洞口处的高处作业。

在洞口作业时，应采取防坠落措施，并应符合下列规定：

1）当垂直洞口短边边长小于500mm时，应采取封堵措施；当垂直洞口短边边长大于或等于500mm时，应在临空一侧设置高度不小于1.2m的防护栏杆，并应采用密目式安全立网或工具式栏板封闭，设置挡脚板。

2）当非垂直洞口短边尺寸为25～500mm时，应采用承载力满足使用要求的盖板覆盖，盖板四周搁置应均衡，且应防止盖板移位。

3）当非垂直洞口短边边长为500～1500mm时，应采用专项设计盖板覆盖，并应采取固定措施。

4）当非垂直洞口短边长大于或等于1500mm时，应在洞口作业侧设置高度不小于1.2m的防护栏杆，并应采用密目式安全立网或工具式栏板封闭；洞口应采用安全平网封闭。

5）电梯井口应设置防护门，其高度不应小于1.5m，防护门底端距地面高度不应大于50mm，并应设置挡脚板。

6）在进入电梯安装施工工序之前，同时井道内应每隔10m且不大于2层加设一道水平安全网。电梯井内的施工层上部，应设置隔离防护设施。

7）施工现场通道附近的洞口、坑、沟、槽、高处临边等危险作业处，除应悬挂安全警示标志外，夜间应设灯光警示。

8）边长不大于500mm洞口所加盖板，应能承受不小于1.1kN/m²的荷载。

9）墙面等处落地的竖向洞口、窗台高度低于800mm的竖向洞口及框架结构在浇筑完混凝土没有砌筑墙体时的洞口，应按临边防护要求设置防护栏杆。

（3）攀登作业

攀登作业是指借助登高用具或登高设施进行的高处作业。攀登作业应注意以下事项：

1）攀登的用具，结构构造上必须牢固可靠。

2）梯子底部应坚实，并有防滑措施，不得垫高使用，梯子的上端应有固定措施。

3）单梯不得垫高使用，使用时应与水平面成 75°夹角，踏步不得缺失，其间距宜为 300mm。当梯子需接长使用时，应有可靠的连接措施，接头不得超过 1 处。连接后梯梁的强度，不应低于单梯梯梁的强度。

4）固定式直爬梯应用金属材料制成。使用直爬梯进行攀登作业时，攀登高度以 5m 为宜，超过 8m 时，应设置梯间平台。

5）上下梯子时，必须面向梯子，且不得手持器物。

（4）交叉作业

交叉作业是指垂直空间贯通状态下，可能造成人员或物体坠落，并处于坠落半径范围内、上下左右不同层面的立体作业。交叉作业时应注意以下事项：

1）各工种进行上下立体交叉作业时，不得在同一垂直方向上操作。下层作业的位置，必须处于依上层高度确定的可能坠落的半径范围之外，不符合以上条件时，应设安全防护棚。

2）钢模板、脚手架拆除时，下方不得有人施工。

3）模板拆除后，临边堆放处离楼层边沿不应小于 1m，堆放高度不得超过 1m，楼层边口、通道口、脚手架边缘等处，严禁堆放任何物件。

4）结构施工自 2 层起，凡人员进出的通道口（包括井架、施工电梯的进出通道口），均应搭设双层防护棚。

5）在建建筑物旁或在塔机吊臂回转半径范围之内的主要通道、临时设施、钢筋、木工作业区等必须搭设双层防护棚。

第五章　施工现场消防基本知识

第一节　施工现场消防知识概述及常用消防器材

1. 施工现场消防知识概述

我国消防工作实行预防为主、消防结合的方针。按照政府统一领导、部门依法监管、单位全面负责、公民积极参与的原则，实行消防安全责任制，建立健全社会化的消防工作网络。

建设工程施工现场的防火，必须遵循国家有关方针、政策，针对不同施工现场的火灾特点，立足自防自救，采取可靠防火措施，做到安全可靠、经济合理、方便适用。

燃烧的发生必须具备三个条件，即：可燃物、助燃物和着火源。因此，制止火灾发生的基本措施包括：

（1）控制可燃物，以难燃或不燃的材料代替易燃或可燃的。

（2）隔绝空气，使用易燃物质的生产应在密闭的设备中进行。

（3）消除着火源。

（4）阻止火势蔓延，在建筑物之间筑防火墙，设防火间距，防止火灾扩大。

2. 建筑施工现场消防器材的配置和使用

（1）在建工程及临时用房的下列场所应配置灭火器：

1）易燃易爆危险品存放及使用场所。

2）动火作业场所。

3）可燃材料存放、加工及使用场所。

4）厨房操作间、锅炉房、发电机房、变配电房、设备用房、办公用房、宿舍等临时用房。

5）其他具有火灾危险的场所。

（2）建筑施工现场常用灭火器及使用方法

1）泡沫灭火器。药剂：筒内装有碳酸氢钠、发沫剂、硫酸铝溶液。用途：适用于扑救油脂类、石油产品及一般固体初起的火灾；不适用于扑救忌水化学品和电气火灾。使用方法：手指堵住喷嘴，将筒体上下颠倒2次，打开开关，药剂即喷出。

2）干粉灭火器。药剂：钢筒内装有钾盐或钠盐粉，并备有盛装压缩气体的小钢瓶。用途：适用于扑救石油及其产品、可燃气体和电气设备初起的火灾。使用方法：提起筒，拔掉保险销环，干粉即可喷出。

3）二氧化碳灭火器。药剂：瓶内装有压缩或液态的二氧化碳。用途：主要适用于扑救贵重设备、档案资料、仪器仪表、600V以下的电器及油脂等火灾；禁止使用二氧化碳灭火器灭火的物品有，遇有燃烧物品中的锂、钠、钾、铯、锶、镁、铝粉等。使用方法：拔掉安全销，一手拿好喇叭筒对着火源，另一手压紧压把打开开关即可。

4）酸碱灭火器。用途：主要适用于扑救竹、木、棉、毛、草、纸等一般初起火灾，但对忌水的化学物品、电气、油类不宜用。

（3）消火栓、消防水带、消防水枪

消火栓按安装区域分为室内、室外消火栓两种；按安装位置分为地上式与地下式消火栓两种；按消防介质分为有水和泡沫消火栓两种。消火栓应在任意时刻均处于工作状态。

1）消防水带应配相对口径的水带接口方能使用。水带接口装置于水带两端，用于水带与水带、消火栓或水枪之间的连接，以便进行输水或水和泡沫混合液，其接口为内扣式。

2）水枪是装在水带接口上，起射水作用的专用部件。各种水枪的接口形式均为内扣式。

3）消火栓的开关位置在其顶部，必须用专用扳手操作，其顶盖上有开关标志符。

使用时应先安好消防水带，之后打开消火栓上封盖把水带固定好，然后再打开消火栓。在使用消火栓灭火时，必须两人以上操作，当水带充满水后，一人拿枪，一人配合移动消防水带。

第二节　施工现场消防管理制度及相关规定

施工现场的消防安全由施工单位负责。实行施工总承包的，应由总承包单位负责。分包单位向总承包单位负责，并应服从总承包单位的管理，同时应承担国家法律、法规规定的消防责任和义务。施工现场建立消防管理制度，落实消防责任制和责任人员，建立义务消防队，定期对有关人员进行消防教育，落实消防措施。

1. 施工现场消防管理制度

（1）施工单位应编制施工现场灭火及应急疏散预案。灭火及应急疏散预案应包括下列主要内容：

1）应急灭火处置机构及各级人员应急处置职责。

2）报警、接警处置的程序和通信联络的方式。

3）扑救初起火灾的程序和措施。

4）应急疏散及救援的程序和措施。

（2）施工人员进场时，施工现场的消防安全管理人员应向施工人员进行消防安全教育和培训。消防安全教育和培训应包括下列内容：

1）施工现场消防安全管理制度、防火技术方案、灭火及应急疏散预案的主要内容。

2）施工现场临时消防设施的性能及使用、维护方法。

3）扑灭初起火灾及自救逃生的知识和技能。

4）报警、接警的程序和方法。

（3）施工作业前，施工现场的施工管理人员应向作业人员进行消防安全技术交底。消防安全技术交底应包括下列主要内容：

1）施工过程中可能发生火灾的部位或环节。

2）施工过程应采取的防火措施及应配备的临时消防设施。

3）初起火灾的扑救方法及注意事项。

4）逃生方法及路线。

（4）施工过程中，施工现场的消防安全负责人应定期组织消防安全管理人员对施工现场的消防安全进行检查。消防安全检查应包括下列主要内容：

1）可燃物及易燃易爆危险品的管理是否落实。

2）动火作业的防火措施是否落实。

3）用火、用电、用气是否存在违章操作，电、气焊及保温防水施工是否执行操作规程。

4）临时消防设施是否完好有效。

5）临时消防车道及临时疏散设施是否畅通。

2. 施工现场消防管理规定

（1）施工现场动火作业

1）动火作业应办理动火许可证，动火许可证的签发人收到动火申请后，应前往现场查验并确认动火作业的防火措施落实后，再签发动火许可证。

2）动火操作人员应具有相应资格。

3）焊接、切割、烘烤或加热等动火作业前，应对作业现场的可燃物进行清理；作业现场及其附近无法移走的可燃物应采用不燃材料覆盖或隔离。

4）施工作业安排时，宜将动火作业安排在使用可燃建筑材料施工作业之前进行，确需在可燃建筑材料施工作业之后进行动火作业的，应采取可靠的防火保护措施。

5）裸露的可燃材料上严禁直接进行动火作业。

6）焊接、切割、烘烤或加热等动火作业应配备灭火器材，并应设置动火监护人进行现场监护，每个动火作业点均应设置1个监护人。

7）五级（含五级）以上风力时，应停止焊接、切割等室外动火作业，确需动火作业时，应采取可靠的挡风措施。

8）动火作业后，应对现场进行检查，并应在确认无火灾危险后，动火操作人员再离开。

（2）施工现场用电

1）电气线路应具有相应的绝缘强度和机械强度，禁止使用绝缘老化或失去绝缘性能的电气线路，严禁在电气线路上悬挂物品。破损、烧焦的插座、插头应及时更换。

2）电气设备与可燃、易燃易爆和腐蚀性物品应保持一定的安全距离。

3）距配电盘 2m 范围内不得堆放可燃物，5m 范围内不应设置可能产生较多易燃、易爆气体、粉尘的作业区。

4）可燃库房不应使用高热灯具，易燃易爆危险品库房内应使用防爆灯具。

5）电气设备不应超负荷运行或带故障使用。

（3）施工现场用气

1）储装气体罐瓶及其附件应合格、完好和有效；严禁使用减压器及其他附件缺损的氧气瓶，严禁使用乙炔专用减压器、回火防止器及其他附件缺损的乙炔瓶。

2）气瓶应保持直立状态，并采取防倾倒措施，乙炔瓶严禁横躺卧放。

3）严禁碰撞、敲打、抛掷、溜坡或滚动气瓶。

4）气瓶应远离火源，与火源的距离不应小于 10m，并应采取避免高温和防止暴晒的措施。

5）气瓶应分类储存，库房内应通风良好；空瓶和实瓶同库存放时，应分开放置，两者间距不应小于 1.5m。

6）瓶装气体使用前，应检查气瓶及气瓶附件的完好性，检查连接气路的气密性，并采取避免气体泄漏的措施，严禁使用已老化的橡皮气管。

7）氧气瓶与乙炔瓶的工作间距不应小于 5m，气瓶与明火作业点的距离不应小于 10m。

8）冬季使用气瓶，气瓶的瓶阀、减压阀等发生冻结时，严禁用火烘烤或用铁器敲击瓶阀，严禁猛拧减压器的调节螺栓。

9）氧气瓶内剩余气体的压力不应小于 0.1MPa，气瓶用后应及时归库。

第六章　施工现场应急救援基本知识

第一节　生产安全事故应急
救援预案管理相关知识

1. 生产安全事故应急救援预案的概念

生产安全事故应急救援预案是为了有效预防和控制可能发生的事故，最大限度减少事故及其损害而预先制定的工作方案。它是事先采取的防范措施，将可能发生的等级事故损失和不利影响减少到最低的有效方法。

2. 建筑施工企业生产安全事故应急救援预案的管理

施工单位的应急救援预案应经专家评审或者论证后，由企业主要负责人签署发布。施工项目部的安全事故应急救援预案在编制完成后报施工企业审批。

建筑工程施工期间，施工单位应当将生产安全事故应急救援预案在施工现场显著位置公示，并组织开展本单位的应急救援预案培训交底活动，使有关人员了解应急救援预案的内容，熟悉应急救援职责、应急救援程序和岗位应急救援处置方案。

建筑施工单位应当制定本单位的应急预案演练计划，根据本单位的事故预防重点，每年至少组织一次综合应急预案演练或者专项应急预案演练，每半年至少组织一次现场处置方案演练。

第二节 现场急救基本知识

1. 施工现场应急救护要点

（1）对骨伤人员的救护

1）不能随便搬动伤者，以免不正确的搬动（或移动）给伤者带来二次伤害。例如凡是胸、腰椎骨折者，头、颈部外伤者，不能任意搬动，尤其不能屈曲。

2）在需要搬动时，用硬板固定受伤部位后方可搬动。

3）用担架搬运时，要使伤员头部向后，以便后面抬担架的人可以随时观察其伤情变化。

（2）对眼睛伤害人员的救护

1）眼有异物时，千万不要自行用力眨眼睛，应通过药水、泪水、清水冲洗，仍不能把异物冲掉时，才能扒开眼睑，仔细小心清除眼里异物，如仍无法清除异物或伤势较重时，应立即到医院治疗。

2）当化学物质（如砌筑用的石灰膏）进入眼内，立即用大量的清水冲洗。冲洗时要扒开眼睑，使水能直接冲洗眼睛，要反复冲洗，时间至少 15min 以上。在无人协助的情况下，可用一盆水，双眼浸入水中，用手分开眼睑，做睁眼、闭眼、转动并立即到医院做必要的检查和治疗。

（3）心肺复苏术

心肺复苏术，是在建筑工地现场对呼吸心跳骤停病人给予呼吸和循环支持所采取的急救，急救措施如下：

1）畅通气道：托起患者的下颌，使病人的头向后仰，如口中有异物，应先将异物排除。

2）口对口人工呼吸：捏闭病人的鼻孔，深吸气后先连续快速向病人口内吹气 4 次，吹气频率以每分钟 2～16 次。如遇特殊情况（牙关紧闭或外伤），可采用口对鼻人工呼吸。

3）胸外心脏按压：双手放在病人胸骨的下 1/3 段（剑突上

两根指），有节奏地垂直向下按压胸骨干段，成人按压的深度为胸骨下陷4～5cm为宜。一般按压15次，吹气2次。

4）胸外心脏按压和口对口吹气需要交替进行。最好有两个人同时参加急救，其中一个人作口对口吹气。

（4）外伤常用止血方法

1）一般止血法：凡出血较少的伤口，可在清洗伤口后盖上一块消毒纱布，并用绷带或胶布固定即可。

2）指压止血法：可用干净的布（没有布可以用手）直接按压伤口，直到不出血为止。

3）加压包扎止血法：用纱布、棉花等垫放在伤口上，用较大的力进行包扎，并尽量抬高受伤部位。加压时力量也不可过大或扎得过紧，如以免引起受伤部位局部缺血造成坏死。

2. 建筑施工现场主要事故类型及救援常识

（1）触电事故及救援常识

1）发现有人触电时，不要直接用手去拖拉触电者，应首先迅速拉电闸断电，现场无电电闸时，使用木方等不导电的材料或用干衣服包严双手，将触电者拖离电源。

2）根据触电者的状况进行现场人工急救（如心肺复苏），并迅速向工地负责人报告或报警。

（2）火灾事故及救援常识

1）最早发现者应立即大声呼救，并根据情况立即采取正确方法灭火。当判断火势无法控制时，要迅速报警并向有关人员报告。

2）根据火灾的影响范围，迅速把无关人员疏散到指定的消防安全区。作业区发生火灾时，可采用建筑物内楼梯、外脚手架上下梯、离火灾现场较远的外施工电梯等疏散人员。不得使用离火灾现场较近的外施工电梯，严禁使用室内电梯疏散人员。

3）当火势无法控制时，要及时采取隔离火源措施，及时搬出附近的易燃易爆物以及贵重物品，防止火势蔓延到有易燃易爆物品或存放贵重物品的地点。当有可能发生气瓶爆炸或火势已无法控制且危及人员生命安全时，迅速将救火人员撤离到安全地方，等待专职消防队救援或采取其他必要措施。

4）火灾逃生自救知识原则

如果发现火势无法控制，应保持镇静，判断危险地点和安全地点，决定逃生方法和路线，尽快撤离危险地。

通过浓烟区逃生时，如无防毒面具等护具，可用湿毛巾等捂住口鼻，并尽可能贴近地面，以匍匐姿势快速前进，如有条件可向头部、身上浇冷水或用湿毛巾、湿棉被、湿毯子等将头、身裹好再冲出去。

（3）易燃易爆气体泄漏事故应急常识

1）最早发现者应立即大声呼救，并向有关人员报告或报警。根据情况立即采取正确方法施救，如尝试采取关闭阀门、堵漏洞等措施截断、控制泄漏，若无法控制，应迅速撤离。

2）在气体泄漏区内严禁使用手机、电话或启动电气设备，并禁止一切产生明火或火花的行为。

3）疏散无关人员，迅速远离危险区域，治安保卫人员要迅速建立禁区，严禁无关人员进入。同时停止附近的作业。

4）在未有安全保障措施的情况下，不要盲目行动，应等待公安消防队或其他专业救援队伍处理。

（4）发现坍塌预兆或坍塌事故应急常识

1）发现坍塌预兆时，发现者应立即大声呼唤，停止作业，迅速疏散人员撤离现场，并向项目部报告。待险情排除，并得到有关人员同意后，方可重新进入现场作业。

2）当事故发生后，发现者应立即大声呼救，同时向有关人员报告或报警。项目部根据情况立即采取措施组织抢救，同时向上级部门报告。

3）迅速判断事故发展状态和现场情况，采取正确应急控制措施，判断清楚被掩埋人员位置，立即组织人员全力挖掘抢救。

4）在救护过程中要防止二次坍塌伤人，必要时先对危险的地方采取一定的加固措施。

5）按照有关救护知识，立即救护抢救出来的伤员，在等待医生救治或送往医院抢救过程中，不要停止和放弃施救。

（5）有毒气体中毒事故应急常识

1）最早发现者应立即大声呼救，向有关人员报告或报警，如原因明确应立即采取正确方法施救，但决不可盲目救助。

2）迅速查明事故原因和判断事故发展状态，采取正确方法施救。

如中毒事故必须先通风或戴好防毒面具方可救人；如缺氧，则要戴好有供氧的防毒面具才可救人。

3）救出伤员后按照有关救护知识，立即救护伤员，在等待医生救治或送往医院抢救过程中，不要停止和放弃施救，如采用人工呼吸，或输氧急救等。

4）现场不具备抢救条件时，立即向社会求救。

（6）高处坠落伤害急救常识

1）坠落在地的伤员，应初步检查伤情，不得随意搬动。

2）立即呼叫"120"急救医生前来救治。

3）采取初步急救措施：止血、包扎、固定。

4）注意固定颈部、胸腰部脊椎，搬运时保持动作一致平稳，避免伤员脊柱弯曲扭动加重伤情。

3. 施工现场报警注意事项

（1）按工地写出的报警电话，进行报警。

（2）报告事故类型。说明伤情（病情、火情、案情）等，以便救护人员事先做好急救的准备。如火灾报警时要尽量说明燃烧或爆炸物质、燃烧程度、人员伤亡、发生火灾楼层等情况。

（3）说明单位（或事故地）的电话或手机号码，以便救护车（消防车、警车）随时用电话通信联系。

（4）可用几部电话或手机，由数人同时向有关救援单位报警求救，以便各种救援单位都能以最快的速度到达事故现场。

第二部分 专业基础知识

第七章 施工升降机基础知识

施工升降机是一种采用齿轮齿条啮合方式或钢丝绳提升方式，使吊笼作垂直或倾斜运动，用以输送人和物料的机械。其广泛用于建筑施工等领域，是工业建筑、民用建筑、桥梁、井下、大型烟囱等施工场所运输物料及人员的理想设备。作为永久性或半永久性的施工升降机还可用于仓库和高塔等不同场合。

第一节 施工升降机的基本构造

施工升降机由导轨架、吊笼、防护围栏和底架、层门、机械传动系统、防坠安全装置、超载保护装置、控制和限位装置、电气控制系统等构成，见图 7-1。

1. 主要结构部件

施工升降机主要结构部件有导轨架、吊笼、附墙架、防护围栏、基础底架、对重、天轮架装置及对重钢丝绳、层门等。

（1）导轨架

导轨架是施工升降机的主体金属构架，其作用是支撑和引导吊笼、对重等装置沿着导轨架上下运行。齿轮齿条式施工升降机的导轨架一般采用无缝钢管和型钢焊接制作成具有互换性的标准节，经螺栓连接搭设成需要的高度，见图 7-2。带对重的导轨架标准节侧面还安装有对重轨道。

（2）吊笼

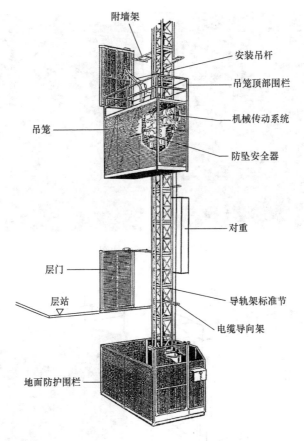

附墙架

安装吊杆

吊笼顶部围栏

机械传动系统

吊笼

防坠安全器

对重

层门

导轨架标准节

层站

电缆导向架

地面防护围栏

图 7-1　齿轮齿条式施工升降机示意图

　　吊笼是施工升降机的核心部分，是运输物料和人员的承载结构，通过传动系统使之沿轨道上下运行。

　　吊笼为焊接结构体，四周为钢丝网或钢板网组成封闭式结构，由笼架、笼门、天窗盖、安全防护栏、吊杆安装孔、导向滚轮等组成，见图 7-3。

　　吊笼与导轨架的主弦杆一般由四组导向滚轮联结，导向滚轮保证吊笼不脱离导轨及沿导轨架平稳升降。前后导向滚轮和两侧

图 7-2　导轨架结构图

图 7-3　吊笼结构示意图

导向滚轮承受吊笼自重及载荷重力产生的对导轨架的偏心弯矩。

吊笼门一般有双开门和单开门两种形式。单开门（进料门）设置在地面进出方向，双开门（出料门）设置在楼面进出方向。

吊笼结构应满足以下安全技术要求：

1）吊笼应有足够刚性的导向装置以防止脱落或卡住。

2）吊笼应具有有效的装置使其在导向装置失效时仍能保持

在导轨上。当采用安全钩时，最高一对安全钩应处于最低驱动齿轮之下。

3）应有防止吊笼驶出导轨的措施。

4）吊笼若设司机室，应有良好视野和足够的空间。

5）吊笼底板应能防滑、排水。

6）吊笼可载人数为额定载重质量除以 80kg 后舍尾取整，吊笼底板的人均占地面积不应小于 0.18m²。

7）吊笼的内净高度不应小于 2m。

8）如果吊笼顶作为安装、拆卸、维修的平台或设有天窗，则顶板应抗滑且周围应设护栏，护栏的上扶手高度不小于 1.05m，中间高度应设横杆，护栏与顶板边缘的距离不应大于 100mm。顶板周边挡脚板高度不小于 100mm。

9）吊笼门应装机械锁钩以保证运行时不会自动打开。吊笼进料门在吊笼底层才需要开启，吊笼离开底层工作时，它应当始终可靠地关闭，不可打开，防止吊笼内的货物或人员甩出。

10）吊笼门应设有电气联锁安全开关。当吊笼门未完全关闭时，该开关应有效切断控制回路电源，使吊笼停止或无法起动。

11）吊笼上至少有一扇顶门或天窗可供紧急逃离使用。紧急逃离门应有电气联锁安全开关，当顶门未锁紧时吊笼应停止、无法起动；在重新上锁后，可恢复施工升降机正常工作。

（3）附墙架

附墙架是支撑导轨架的构件，按一定间距连接导轨架与建筑物或其他固定结构。其作用是保证施工升降机使用过程中架体的稳定性和垂直度。

施工升降机的最大独立高度是指导轨架在无侧面附着时，能保证施工升降机正常作业的最大架设高度。使用说明书中应有最大独立高度的参数要求。当导轨架的高度超过最大独立高度时，应设附墙架。

附墙结构一般有四种形式，见图 7-4。

1）Ⅰ型附墙架：仅适用于单吊笼，适用于无竖管支撑安装。

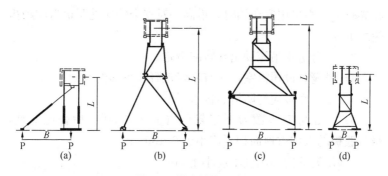

图 7-4 附墙结构示意图

(a) Ⅰ型附墙架；(b) Ⅱ型附墙架；(c) Ⅲ型附墙架；(d) Ⅳ型附墙架

附墙架的左、右固定杆通过 U 形螺栓安装在导轨架的框架上，支撑底座通过螺栓与建筑物预埋件连接，固定杆与支撑底座之间设置了三组调节杆，可调节导轨架的垂直度，见图 7-5（a）。

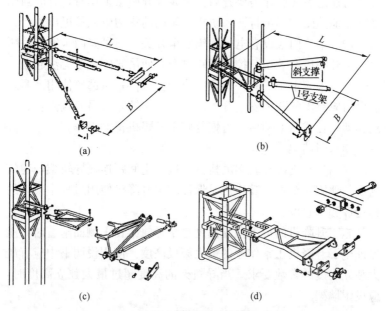

图 7-5 附墙架结构图

(a) Ⅰ型附墙架；(b) Ⅱ型附墙架；(c) Ⅲ型附墙架；(d) Ⅳ型附墙架

2）Ⅱ型附墙架：适用于单吊笼或双吊笼。Ⅱ型附墙架在导轨架与建筑物之间设置四根竖管支撑作为过道平台的立杆，竖管支撑通过固定杆及 U 形螺栓与导轨架框架连接，并通过斜支撑杆及支架与支撑底座连接，见图 7-5（b）。通过调节斜支撑杆可调整导轨架的垂直度。

3）Ⅲ型附墙架：适用于单吊笼或双吊笼。Ⅲ型附墙架由固定杆、主撑杆、副撑杆、调整杆等组成，见图 7-5（c）。固定杆通过 U 形螺栓安装在导轨架框架上，固定杆、主撑杆、副撑杆、调整杆通过螺栓连接，通过调节调整杆的长度，可调整导轨架的垂直度。

4）Ⅳ型附墙架：适用于单吊笼或双吊笼。Ⅳ型附墙架由固定杆、连接架、支撑底座等组成。固定杆通过 U 形螺栓安装在导轨架框架上，支撑底座通过螺栓与建筑物预埋件连接，固定杆与支撑底座之间设置了桁架式连接架，各部件均通过螺栓连接，见图 7-5（d）。

附墙架可用螺栓固定于建筑物特制基架上，或用穿墙螺栓固定在建筑物外墙结构上。

附墙架支腿尺寸 B 及导轨架距外墙距离 L，应满足使用说明书要求。若上述两项参数不满足说明书的要求，应对改动后的附墙架进行设计计算。

（4）防护围栏

施工升降机应设置高度不低于 1.8m 的地面防护围栏，地面防护围栏呈一周封闭形式，见图 7-6。防护围栏主要由围栏门框、围栏门、前后护网、侧护网、围栏门机械联锁装置等构件组成。围栏门安装机械联锁装

图 7-6　防护围栏结构图

置，是为了防止在吊笼上升离开底层工作中，人员误入吊笼运动

通道，吊笼或吊笼内货物坠落击伤人员。

防护围栏应满足以下安全技术要求：

1）防护围栏在其占用的基础面积上应能承受不小于 350N 的水平力而不产生永久变形。

2）围栏登机门的开启高度不应低于 1.8m；围栏登机门应具有机械联锁装置和电气安全开关，使吊笼只有位于底部规定位置时，围栏登机门才能开启，而在该门开启后，吊笼不能起动。

3）对重应设置于地面防护围栏之内。

（5）基础底架

基础底架是安装施工升降机导轨架及防护围栏等结构件的机架，应能承受施工升降机作用于基础座上的升降机自重荷载、施工荷载、风荷载等所有荷载，并能有效地将荷载传递到其支承件基础表面，见图 7-7。

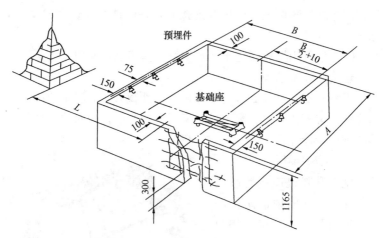

图 7-7　基础底架结构示意图

基础底架的安全技术要求：

1）基础底架结构尺寸 A、B、承载能力及距建筑物的距离 L，应满足使用说明书的各项要求。

2）基础底架四周应设置排水设施。

3）基础底架四周 5m 范围内不允许开挖深沟。30m 范围内不得进行对基础产生较大振动的施工。

（6）对重

对重是对吊笼起到平衡作用的一个重物，一般采用铸造件或钢材加工成长方体。对重通过导轨架顶部的天轮架和绳轮系统与吊笼对称悬挂，可用来提高施工升降机的载重质量，使其功率输出保持不变。

对重系统应满足以下安全技术要求：

1）对重上下行程位置要求：当吊笼底部碰到缓冲弹簧时，对重上端离开天轮架下端的安全距离应保持 500mm；同样，当对重完全压缩地面缓冲装置时，吊笼顶部距天轮架下端的安全距离也应保持 500mm。

2）绝不允许在双笼施工升降机中用一个吊笼作为另一个吊笼的平衡装置。

3）对重两端的滑靴、导向滚轮、防脱轨保护装置应齐全完好。

4）若对重采用填充物，则应采取有效措施防止其窜动。

5）对重外部应按照规定涂刷成安全色。

（7）天轮架装置及对重钢丝绳

安装对重钢丝绳用的滑轮、绳索护架、滑轮架等支承部件称为天轮架装置，见图 7-8。天轮架设置在导轨架的顶部，一般分为固定式和开启式两种。固定式天轮架结构简单，但装拆标准节时，天轮架要整体装拆，操作复杂。开启式天轮架结构比较复杂，装拆标准节时，不需要拆除天轮架，操作较为方便。

天轮架装置及对重钢丝绳的使用应满足以下安全技术要求：

1）对重用滑轮的名义直径与钢丝绳的名义直径之比不得小于 30。

2）滑轮应有防钢丝绳脱槽装置，该装置与滑轮外缘的间隙不大于钢丝绳直径的 20%，且不大于 3mm。此外，钢丝绳进出滑轮的允许偏角不得大于 4°。

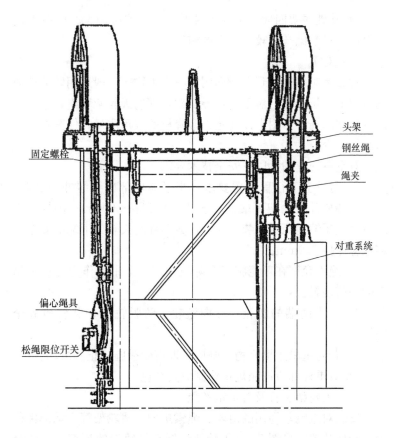

图 7-8　天轮架装置及对重钢丝绳

3）钢丝绳使用时，必须有生产厂家的出厂合格证书。SS 型施工升降机互相独立的起升钢丝绳数不得少于 2 根，其安全系数不得小于 12。对重和接高用钢丝绳的安全系数不得小于 8，另外，单根起升钢丝绳名义直径不得小于 9mm，所有钢丝绳均应采用防腐保护。

4）当悬挂采用 2 根相互独立的钢丝绳时，应设置钢丝绳松绳开关和张力自动平衡装置，确保在单根钢丝绳过分拉长或破坏时，电气安全装置可及时停止吊笼运行。

5）钢丝绳绳头应按规定采取可靠的连接方式，连接头的强度不低于钢丝绳强度的80％。

6）应定期对对重钢丝绳涂抹润滑脂，防止其被腐蚀。

7）多余的对重钢丝绳应缠绕在吊笼顶的卷筒上，其弯曲直径不应小于钢丝绳直径的1.5倍。

（8）层门

层门是吊笼通向建筑物通道的安全保护门，其作用是防止吊笼未停靠在该楼层通道时，楼面施工人员进入通道后发生高空坠落事故。层门可根据现场情况制作，但必须满足以下安全技术要求：

1）施工升降机每一个楼层通道处都必须设置层门。

2）层门不得向吊笼通道内开启，封闭式层门上部应设置视窗。

3）层门应设置牢固可靠的锁紧装置，并设置在吊笼运行的一侧。层门的开、关必须由吊笼内乘人员操作，不得受吊笼运行的直接控制，也不得由楼层施工人员操作。

4）全高度层门打开后的净高度应不小于2m，降低高度的层门高度不得小于1.1～1.2m，层门的净宽度与吊笼进出口宽度之差不得大于120mm。

5）层门不能凸出到吊笼的升降通道上。正常工况下，吊笼门与层门之间的水平距离不得大于150mm；停层装卸物料时，吊笼门与卸料平台边缘的水平距离不应大于50mm，见图7-9。

6）层门的两侧应设置高度不小于1.1m的封闭型护栏，护栏与吊笼的间距不得大于100mm。

2. 机械传动系统

施工升降机目前常见的提升吊笼的机械传动方式有齿轮齿条式、卷扬机式和曳引式三种。

（1）齿轮齿条式传动机构

齿轮齿条式传动机构主要由导轨架上固定的齿条和吊笼上的齿轮啮合在一起，电动机通过减速器使传动齿轮转动，带动吊笼沿着齿条作上升、下降运动，见图7-10。该传动方式是目前施工升降机主要的传动机构结构形式。

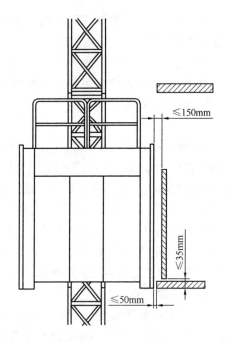

图 7-9　层门设置示意图

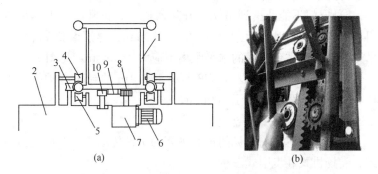

图 7-10　齿轮齿条式传动机构连接示意图

(a) 主要部件相关位置示意图；(b) 机构实物图

1—标准节；2—吊笼；3—压轮；4—吊笼上方外侧防脱轨滚轮；

5—吊笼下方内侧滚轮；6—电机；7—减速器；8—传动齿轮；

9—立柱齿条；10—背轮

齿轮齿条式传动机构的分类，按安装方式一般有外挂式和内置式两种，外挂式传动机构的传动板安装在吊笼顶部，内置式传动机构的传动板安装在吊笼内部。按传动机构的配制形式有二传动和三传动两种，见图 7-11。二传动机构一般为内置式，三传动机构一般为外挂式。

为了使传动机构有效、安全运行，首先应有保证传动齿轮和齿条有效啮合的装置，通过调整图 7-10（a）中的背轮，即可调整齿轮和齿条的啮合间隙，保证齿轮与齿条正确啮合。

其次，为了保证吊笼不脱离导轨架而正常上下运行，吊笼上装有一系列滚轮。图 7-10（a）中上下、左右两套压轮可防止吊笼与导轨侧向位移；吊笼上方两组外侧防脱轨滚轮可防止吊笼上方向导轨架外侧倒离；而吊笼下方的内侧滚轮可防止吊笼下侧向导轨架内侧移动。

（a）　　　　　　　　　　　　（b）

图 7-11　传动机构的配制形式

（a）二传动机构；（b）三传动机构

（2）卷扬机式传动机构

卷扬机牵引式施工升降机外形示意图见图 7-12。将牵引主钢丝绳头利用压板固定在卷扬机的卷筒侧面，钢丝绳盘绕在卷筒上，钢丝绳尾穿过导轨架天梁上的两组导向滑轮，再垂直穿过吊笼顶上的动滑轮回到天梁上的绳尾固定座，采用图 7-13 的方式

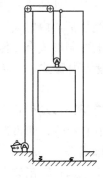

图 7-12 卷扬机式
传动机构示意图

固定。卷扬机开动时，利用收、放钢丝绳使吊笼作上升或下降运动。

卷扬机传动的优点是结构简单、成本低廉。而其缺点是，在施工升降机上采用双绳传动时，很难做到两根钢丝绳同时牵引，如果一根钢丝绳断裂，则吊笼只能由另一根钢丝绳单独承载。采用卷扬机牵引提升，若电气上限位装置失效会发生冲顶事故。这些都大大降低其传动的可靠性。

卷扬机式传动机构应满足以下安全技术要求：

1）钢丝绳应有足够的抗拉强度，其安全系数不得小于 12。钢丝绳应满足相关规范要求，完好无损。

2）钢丝绳绳头、绳尾的固定应牢固可靠。钢丝绳末端的连接方式应按照图 7-13 的要求，不得使用可能损害钢丝绳的连接装置，如 U 形螺栓钢丝绳夹头。

3）吊笼升降过程中，钢丝绳在卷筒上应保留不少于 3 圈。

4）卷扬机应配置常闭式制动器，制动力矩应不低于作业时额定制动力矩的 1.75 倍。

（3）曳引式传动机构

施工升降机曳引式传动是利用钢丝绳在曳引轮槽中的摩擦力

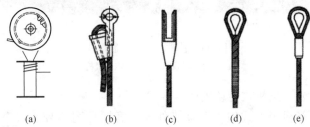

（a） （b） （c） （d） （e）

图 7-13 钢丝绳末端连接方式和绳具图

（a）钢丝绳压板；（b）楔形接头；（c）带套环的压制接头；

（d）带套环的编制接头；（e）浇筑接头

来带动重物提升。其曳引摩擦力产生的条件是钢丝绳必须压紧在曳引轮槽中，压力愈大，摩擦力愈大，因而在施工升降机中必须有对重物，其与吊笼的重力使钢丝绳压紧在曳引轮槽中。另外，曳引力大小还与钢丝绳在曳引轮上的包角有关，包角愈大，曳引摩擦力也愈大。

曳引式传动机构有外置式和内置式两种安装方式。外置曳引式传动机构设置在导轨架的外部地面，通过多个滑轮组牵引吊笼上下移动，见图 7-14（a）。内置曳引式传动机构设置在导轨架的顶部天轮架上，通过主、从动曳引轮牵引吊笼上下移动，导向轮使吊笼和配重各自沿着轨道移动互不相蹭，见图 7-14（b）。两种设置方式都配置了配重，其作用是为确保曳引钢丝绳与曳引轮槽之间有足够的摩擦力，从而产生使吊笼上下移动的牵引力。

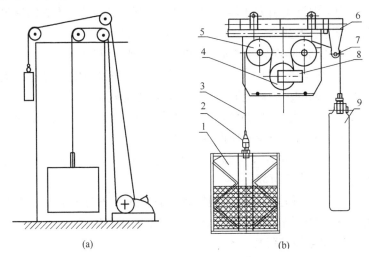

(a)　　　　　　　　　　(b)

图 7-14　曳引式传动机构示意图

（a）外置曳引式机构；（b）内置曳引式机构

1—吊笼；2—绳头组合；3—曳引钢丝绳；4—主动曳引轮；

5—从动曳引轮；6—天轮架；7—导向轮；8—驱动机构；9—配重

曳引式传动机构的优缺点都比较突出。其优点是：

1）一般为多根（4～6根）钢丝绳独立并行曳引，因此，同时发生钢丝绳断裂造成吊笼坠落的概率很小。

2）一旦对重物落地，牵引力将很快减小，钢丝绳将在曳引轮上打滑，所以在电气限位失效的情况下，吊笼一般也不会发生冲顶事故。

3）每根钢丝绳在曳引轮上缠绕一般只有几圈，而且始终是绷紧的，不易脱绳或搞乱而损坏钢丝绳。

4）吊笼部分自重荷载由配重平衡，故曳引机可选择较小功率的电动机。

曳引式传动机构的缺点是：必须要有配重，同时还要加装对重导轨。要用多根钢丝绳，相应成本较高。且因依靠钢丝绳的摩擦力来传动，因此钢丝绳磨损比卷扬机式传动机构要大。

为了保证曳引方式传动的有效性，曳引式传动机构必须满足以下安全技术要求：

1）安装时必须调整所有的曳引钢丝绳，使其均匀受力。

2）钢丝绳的两端均必须受到拉力，当吊笼或配重停止在被其重量压缩的缓冲器上时，提升钢丝绳不应松弛。

3）当吊笼超载 25％，并以额定提升速度上下运行和制动时，钢丝绳与曳引轮不应产生滑动。

4）制动器的制动力和曳引机中各齿轮的啮合均应可靠，绳头的固定应牢固可靠。

5）曳引轮应有防钢丝绳脱槽装置，该装置与曳引轮外缘的间隙不应大于钢丝绳直径的 20％，且不大于 3mm。

3. 安全防护装置

施工升降机的安全保护装置主要有防坠安全器、断绳保护装置、安全开关、安全钩、超载保护装置和缓冲装置等。

（1）防坠安全器

防坠安全器是施工升降机上最重要的一个部件，是一种非电气、非人为控制的安全保护装置，其作用是防止吊笼坠落事故的发生，保证乘员的生命安全。

1）防坠安全器分类

防坠安全器按其动作过程分为瞬时式防坠安全器和渐进式防坠安全器，见图7-15。

① 瞬时式防坠安全器是一种一动作即可瞬间将吊笼或对重停住的防坠安全器，其动作好似急刹车。瞬时式防坠安全器的结构相对简单，制动距离较短，但制动不平稳，对主体结构冲击力大，见图7-15（a）。

② 渐进式防坠安全器从开始动作至最终使吊笼停住有一段距离（下滑距离不大于1.4m），即制动力（或制动力矩）逐渐加大至最终停止。渐进式防坠安全器的特点是制动距离较长，缓冲性能好，制动产生的冲击载荷小，对结构及传动系统的不良影响较小，对乘员产生的生理和心理影响较小。齿轮齿条式施工升降机均安装渐进式防坠安全器。

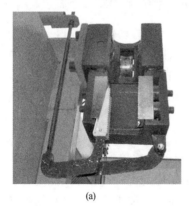
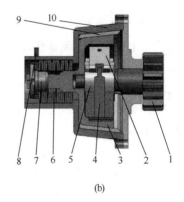

(a)   (b)

图 7-15 防坠安全器结构图

（a）瞬时式防坠安全器；（b）渐进式防坠安全器

1—齿轮轴；2—离心块；3—制动轮；4—舌形弹簧片；5—基体；
6—蝶形弹簧组；7—螺母；8—挡圈；9—制动带；10—安全器壳体

2）渐进式防坠安全器结构组成及工作原理

渐进式防坠安全器主要由齿轮轴、离心块、制动轮、制动带、舌形弹簧片、蝶形弹簧组、螺母、挡圈、安全器壳体等部件组成，见图 7-15 （b）。

① 防坠安全器安装在施工升降机吊笼的传动板上，与吊笼同步运行。当吊笼在允许转速范围内正常运行时，齿轮轴带动离心块自由旋转，而此时由于蝶形弹簧组的作用，制动轮与离心块（即齿轮轴）分离，防坠安全器不动作，见图 7-16 （a）。

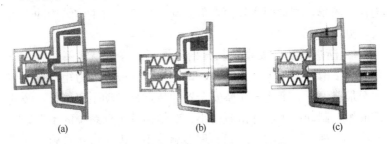

图 7-16　渐进式防坠安全器工作原理图
(a) 吊笼正常工作；(b) 安全器开始动作；(c) 吊笼停止下落

② 当吊笼下行的运行速度达到标定的动作速度时，齿轮轴在齿条上的转动速度加快，其离心式限速装置的离心块在离心力的作用下，克服舌形弹簧片的压力并向外甩出，与制动轮贴合，此时制动轮通过离心块与基体和齿轮轴连为一体，齿轮轴带动制动轮开始转动，并向制动带运动，同时产生制动力矩，见图 7-16 （b）。

③ 当制动轮被迫转动时，与制动轮连接的螺母也有转动的趋势，但与螺母连接的挡圈限制了螺母的旋转，螺母只能随着制动轮的转动作轴向移动，同时蝶形弹簧组被压缩后为制动轮和制动带之间提供更大的正压力，使制动轮与制动带之间产生的制动力矩越来越大，最终使制动轮（即齿轮轴）停止转动，从而使吊笼停止下落，见图 7-16 （c）。

渐进式防坠安全器的制动距离应符合表 7-1 的要求。

渐进式防坠安全器制动距离参数表　　　　表 7-1

升降机额定提升速度 v（m/s）	安全器制动距离（m）
$v \leqslant 0.65$	0.15～1.40
$0.65 < v \leqslant 1.00$	0.25～1.60
$1.00 < v \leqslant 1.33$	0.35～1.80
$v > 1.33$	0.55～2.00

3）渐进式防坠器安全技术要求

① 防坠器无论使用与否都应进行每年一次的年检，只有在年检合格的有效期内才能使用。检测应由具有检测资质的单位进行检查维修并重新检验标定。

② 使用者决不可私自打开防坠器铅封和漆封、自行对防坠器的动作速度或内部结构进行调整，否则年检时不予维修和检测。

③ 防坠器属于施工升降机重要的安全保护装置，按相关标准规定，其有效使用期限为 5 年。

④ 在施工升降机的安装、拆除过程中，仍应保证防坠器正常工作。

⑤ 防坠器安装透气孔应向下，紧固螺栓孔位不可出现裂纹，安全开关控制线接线应完好。

⑥ 防坠器必须定期润滑，每月两次从加油嘴注入润滑脂，润滑脂的牌号为 2 号钙基润滑脂。

⑦ 防坠安全器安装后应进行额定载荷的坠落试验，使用中应每三个月做一次坠落试验。实验时，吊笼严禁带人。吊笼坠落实验的数值应满足表 7-1 的要求。

⑧ 防坠器动作后的复位，必须由专业人员按照使用说明书的要求操作，严禁采用其他方法，严禁防坠器在未复位的状态下继续工作。

（2）断绳保护装置

断绳保护装置是因提升钢丝绳断裂而瞬时制动的一种安全装

置。它是卷扬机式施工升降机非常重要的安全设施，其是否可靠直接关系到使用中机械及人员的安全。此装置须动作迅速灵活、准确可靠，且复位和维修容易，不可自动或电动复位。带对重的齿轮齿条式施工升降机的对重装置也必须设置断绳保护装置。

目前卷扬机式施工升降机断绳保护装置按制动部分结构不同，大致分为滑楔式、偏心轮（块）式及卡板（销）式三类，见图7-17。其中常用的是双面作用的滑楔式断绳保护装置，该装置有两对夹持楔块，动作时，导轨被夹紧在两个楔块之间，楔块镶嵌在闸块上，闸块由拉杆连接，由压簧激发系统带动工作。

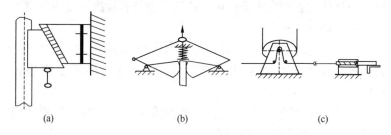

图 7-17　断绳保护装置结构示意图
（a）滑楔式；（b）偏心轮（块）式；（c）卡板（销）式

（3）安全开关

施工升降机的安全开关分为电气安全开关和机械门锁控制开关两大类。电气安全开关又分为行程安全控制开关和安全装置联锁控制开关。

1）行程安全控制开关

即针对吊笼上下行程终点需停止运行，以及吊笼门、护栏门未关闭到位时，吊笼不得运行而设置的电气限位开关。吊笼上各种安全控制开关的设置位置见图7-18。

① 行程限位开关：即吊笼等装置到达上下行程终点时自动切断控制电路的安全开关。行程限位开关分为上、下行程限位开关。如果操作室的减速开关未能使吊笼减速停止，上或下行程限位开关动作，迫使吊笼停止运行。行程限位开关安装在吊笼内壁

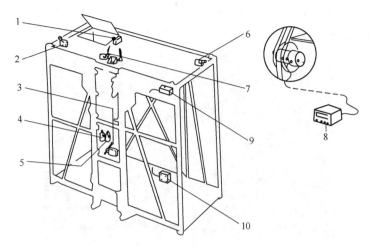

图 7-18　吊笼安全控制开关的设置位置示意图
1—活板门开关；2—单开吊笼门开关；3—极限控制开关；4—上限位开关；
5—下限位开关；6—双开吊笼门开关；7—断绳保护开关；8—超载装置；
9—信号接收头；10—呼叫主机

的驱动板上，见图 7-18 中 4、5 及图 7-19（a）。行程限位开关是
可自动复位型，单向停止运行后，无须重新启动即可反向运行。

②极限控制开关：即吊笼超越行程终点时自动切断电源电
路的安全开关，其作用是当吊笼运行超过上、下限位开关后，仍
然没有停止运行，则极限控制开关将切断总电源使吊笼停止运
行。极限控制开关分为上、下极限控制开关。极限控制开关是非
自动复位型，开关动作后，只能通过手动复位才能使吊笼重新启
动。极限控制开关安装在行程限位开关的下侧，见图 7-18 中 3
及图 7-19（b）。

③吊笼门联锁开关：即防止因吊笼门未关闭就启动运行，
造成人员坠落和物料滚落而设置于吊笼门部位的电气控制开关。
如单行门、双行门及顶门联锁保护开关等，见图 7-18 中 2、6。

④护栏围栏门联锁开关：护栏围栏登机门应具有机械联锁
装置和电气安全开关，使吊笼只有位于底部规定位置时，围栏登

机门才可开启。而在围栏登机门开启后，吊笼不可起动。围栏门的电气安全开关可不安装在护栏围栏上。

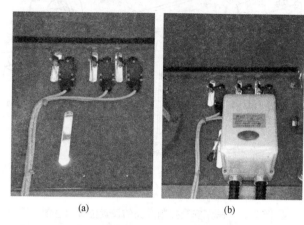

图 7-19　吊笼行程限位开关和极限控制开关的设置位置
(a) 行程限位开关；(b) 极限控制开关

2）安全装置联锁控制开关

即当施工升降机出现不安全状态并触发安全保护装置动作后，能及时切断控制电路或电源，使电动机停止运转而设置的电气控制开关。安全装置联锁控制开关主要有防坠安全器联锁控制开关和钢丝绳防松绳控制开关。

① 防坠安全器联锁控制开关：采用微动开关设置在防坠安全器上，与防坠落装置实现联锁。当吊笼失去控制并沿导轨架快速下滑时，防坠安全器对吊笼制停的同时，切断驱动电动机的电源。

② 钢丝绳防松绳控制开关：施工升降机的钢丝绳防松绳控制开关一般设置在吊笼顶部的对重钢丝绳固定处，当对重钢丝绳出现松绳或断绳时，该控制开关可立即切断电动机控制电路，同时制动器制动，使吊笼停止运行。

3）机械门锁控制开关

施工升降机吊笼的单开门（进料门）和双开门（出料门）、

顶门、地面防护围栏门及层门都应安装有机械门锁控制开关，防止上述防护门在未关闭的情况下吊笼启动运行，或吊笼未运行到规定位置时防护门即开启。

① 吊笼单开门（进料门）机械门锁控制开关：吊笼单开门机械门锁有多种结构，一般采取图 7-20 所示的结构形式。它由安装于吊笼进料门上的挡块、安装于进料门框上的自动门闩及安装于防护围栏上的开闩压板组成。吊笼正常运行过程中，吊笼进料门自动锁闭，挡块的齿条卡在自动门栓上，使自动门栓无法旋转，进料门无法打开，可有效地防止进料门被误打开，见图 7-20（a）。在吊笼下降到底层时，防护围栏上的开闩压板将自动门闩推动向上旋转，离开挡块的齿条位置，吊笼进料门才可正常开启，见图 7-20（b）。

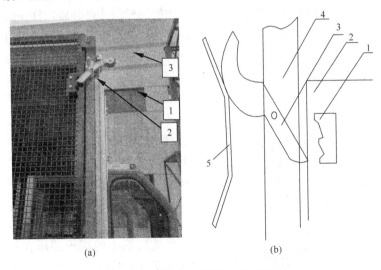

(a)　　　　　　　　　　(b)

图 7-20　吊笼门单开门机械联锁装置

(a) 联锁装置安装实物图；(b) 联锁装置工作原理图

1—挡块；2—进料门；3—自动门闩；4—进料门框；

5—开闩压板（固定在围栏上）

② 吊笼双开门（出料门）控制开关：双开门控制开关一般

安装在吊笼内部上门框的下方、靠近双开门下门框处，采用机械挂钩形式，由吊笼内乘员操控，吊笼双开门关闭后，挂钩在重力的作用下自动下坠勾住下门框，双开门无法打开。当吊笼运行到楼层层门处时，由吊笼内乘员手动开启挂钩，脱开勾住的下门框，双开门才可开启，见图7-21。

图 7-21　双开门机械开关

③ 防护围栏门机械控制开关：防护围栏登机门应具有机械联锁控制装置和电气安全开关，使吊笼只有位于导轨架底部规定位置时，防护围栏门才可开启，且在围栏门开启后吊笼不可起动。当吊笼离开底层运行中，防护围栏门无法开启，防止人员误入吊笼运行通道，造成吊笼或吊笼内货物坠落击伤人员。

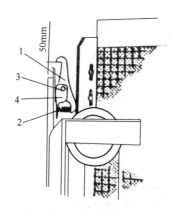

图 7-22　防护围栏门机械
控制开关示意图
1—机械锁钩；2—压簧；
3—销轴；4—支座

防护围栏门机械联锁装置结构由安装在围栏门框上的支座、机械锁钩、销轴和压簧组成。当吊笼离开底层位置后，装于围栏门框架上的锁钩在压簧的作用下勾住围栏门，围栏门无法向上打开。当吊笼运行到底部基础平台时，吊笼门框上的压板挤压在锁钩的尾部（同时挤压压簧），机械锁钩顺时针旋转，顶部挂钩脱离围栏门顶部的挡块，围栏门即可正常开启，见图7-22。同时围栏门电气联锁开关动作，吊笼不可启动。

④ 层门机械联锁控制开关：层门机械联锁控制装置的作用是使吊笼在正常运行中，吊笼停靠的楼层层门只有在吊笼到达该登机平台时才可打开，防止楼面施工人员擅自打开层门进入吊笼运行通道，发生高空坠落事故。楼层门的开闭应与吊笼电气联锁。

层门机械联锁控制开关主要由设置吊笼上的压板、层门门框上的锁钩及安装层门上的锁环组成，见图 7-23。当吊笼开到某楼层平台时，吊笼上设置的开锁压板推动推杆滑轮向左移动，使该推杆端的销杆向左移动到楼层门锁钩的开锁圆孔中心，同时信号开关发出可开门动作信息。此时，吊笼内乘员可用外力转动开锁把柄将楼层门锁钩向上转动，使之与楼层门上的锁环脱开，楼层门即可打开。楼层门打开后，则楼层门关闭信号开关也发出开门信息。当楼层门手动关闭时，楼层门锁钩前端的斜面（平时因重力下垂）将锁钩上移，直至锁环落入锁钩为止。这时楼层门关闭信号开关发出关门信息，允许吊笼开动。

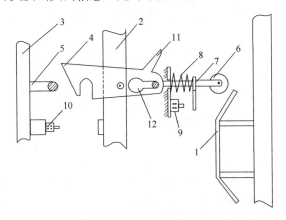

图 7-23　层门与吊笼机械联锁装置示意图

1—压板；2—层门框架；3—层门；4—锁钩；5—锁环；
6—推杆滑轮；7—弹簧压板；8—复位弹簧；9—信号开关；
10—层门关闭信号开关；11—开锁把柄；12—开锁圆孔

吊笼离开后，开锁推杆将在复位弹簧的作用下，向右移动复位，这时推杆前端锁杆将移入锁钩的钩槽中，将楼层门锁钩锁住，不允许锁钩再作旋转运动。同时信号开关也将动作，表示该楼层门已经不允许被打开，吊笼可以离开该楼层的登机平台。

4）安全开关安全技术要求

安全开关应符合以下安全技术要求：

① 所有安全开关都应能切断传动系统电路，或切断总电源，使吊笼停止运动。

② 吊笼极限开关与行程开关不得共同采用一个电气触发元件。

③ 层门、护栏门及吊笼门的联锁开关动作时，安全开关应使各种门在开启时吊笼不可启动。

④ 吊笼极限开关动作后，只有专业人员才可使吊笼恢复运动。

⑤ 所有安全开关的零部件应保持完好无损，紧固件齐全有效。

⑥ 每班操作前，应全面检查所有安全开关的有效性，重点检查极限开关的有效性。

⑦ 严禁采用触发上、下行程限位开关作为吊笼在最高层站或地面站停靠的通常操作。

（4）安全钩

安全钩是为防止吊笼到达预先设定高度位置，上限位器和上极限限位器因各种原因不能及时动作、吊笼继续向上运行，冲出导轨架顶部发生倾翻事故而设置的最后一道安全装置。而且，当吊笼上部导向滚轮全部失效的情况下，安全钩仍可保证吊笼不会发生倾覆事故。

1）安全钩结构及其安装

安全钩一般采用整体浇铸或钢板加工，由底板和钩体两部分组成，底板通过螺栓安装在吊笼骨架的立柱上，见图7-24。

(a)　　　　　　　　　　　(b)

图 7-24　安全钩

（a）安全钩结构图；（b）安全钩安装位置

2）安全钩安全技术要求

① 安全钩必须成对设置，且在吊笼立柱呈上下两组安装。

② 上面一组安全钩的安装位置必须低于传动齿轮和导向滚轮。

③ 安全钩底板连接螺栓的规格型号必须满足使用说明书要求，严禁以小代大，且须安装牢固。

④ 安全钩出现裂缝、变形，及连接螺栓失效时，应及时更换。

（5）超载保护装置

施工升降机常用超载保护装置有三种形式：电子传感器式、弹簧式和拉力环式。其作用是控制吊笼的载荷在标定的范围内。一旦吊笼荷载超载，将通过超载保护装置使吊笼停止运行，只有降低荷载至标定值以下，吊笼才能继续运行，使施工升降机始终保持安全、可靠的运行。

1）电子传感器式超载保护器

主要由销轴传感器、信号传输电缆及重量限制器（显示仪）组成，见图 7-25。

图 7-25　电子传感器式超载保护器

超载保护器的销轴传感器安装在施工升降机吊笼与驱动机构连接耳板处（可替换原有销轴），通过吊笼产生的向下载荷以及使销轴传感器产生的微弱形变来测量吊笼重量，并将重量信号转换成电子信号，经传输电缆传给重量限制器，在显示屏上实时显示吊笼载荷变化情况。

若载荷数值达到额定载荷的90％时，警示灯闪烁，报警器发出断续声响，提醒操作人员注意。若载荷数值达到额定载荷的110％时，报警器发出连续声响，重量限制器内相应继电器分别动作，使吊笼停止运行。

2）弹簧式超载保护器

主要用于卷扬机式施工升降机。超载保护器主要由提升钢丝绳、转向滑轮、支架、弹簧及行程开关组成，见图7-26。

吊笼提升钢丝绳通过转向滑轮，形成一定的夹角并产生压力。吊笼运行中，提升钢丝绳受力后对转向滑轮产生压力，支架压缩弹簧使支架及压杆向左移动。当钢丝绳的载荷达到额定载荷的110％时，压杆顶压行程开关，断开吊笼控制电路，吊笼停止运行，从而起到超载保护作用。

弹簧式超载保护器结构简单、成本低，但可靠性较差、易产生误动作。

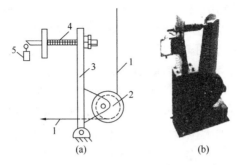

(a)   (b)

图 7-26　弹簧式超载保护器

（a）工作原理图；（b）保护器实物图

1—提升钢丝绳；2—转向滑轮；3—支架；4—弹簧；5—行程开关

3）拉力环式超载保护器

主要由弹簧钢片、两个微动开关、两个调节螺钉及保护器壳体组成，见图 7-27。

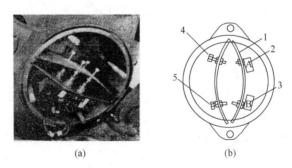

(a)   (b)

图 7-27　拉力环式超载保护器

（a）保护器实物图；（b）保护器结构图

1—弹簧钢片；2—微动开关 A；3—微动开关 B；4、5—调节螺钉

两个弹簧钢片固定在保护器壳体上，壳体两端有连接耳板，通过销轴串连接在吊笼提升结构中。当受到吊笼提升钢丝绳的拉力后，保护器壳体（即拉力环）会产生变形，同时使两片弹簧钢片向中心挤压，安装在弹簧钢片上的两组微动开关和调节螺钉之间的距离逐渐减小，当调节螺钉压迫到微动开关触电后，开关动

作并将信号传输给电气控制电路。调整调节螺钉与微动开关之间的初始距离，即可控制超载保护器受力后动作的时间（即提升机构受力的大小）。图 7-27(b) 中，微动开关 B 与调节螺钉之间的距离较小，拉力环受力后微动开关 B 先与微动开关 A 接触，当拉力环受力达到使用说明书预定的报警数值时，微动开关 B 动作，通过控制线路发出报警信号，提示操作人员引起重视；当拉力环受力继续加大至设定的额定载荷时，拉力环变形也同时加大，微动开关 A 动作，切断控制电路，吊笼停止运行。

4）超载保护装置安全技术要求

① 超载保护器在装拆、使用、维修保养过程中，应避免受到冲击或振动。

② 超载保护装置使用前，应根据相关规范及使用说明书要求进行调整设定，确保其超载保护的效果。使用过程中若发现设定值出现偏差，应及时进行调整校定。调整校定工作必须由专业人员操作，严禁随意调整超载保护装置。

③ 超载保护装置应做好防尘、防潮措施，各种电气开关及显示器应严防淋雨受潮。

（6）缓冲装置

缓冲装置安装在底架上，由于种种原因，当吊笼（或对重）超越极限开关所控制的位置，以至撞击缓冲装置时，由缓冲装置吸收或消耗吊笼（或对重）的能量，从而使其减速直至停止。

弹簧缓冲器在受到吊笼（或对重）的冲击后，以自身的变形将吊笼（或对重）的动能转化为弹性势能，使其得到缓冲。施工升降机弹簧缓冲器一般由缓冲弹簧、弹簧座组成。吊笼下通常设 2 个或 3 个弹簧缓冲器，对重下通常设 1 个。缓冲弹簧安装在弹簧座内，弹簧座通过螺栓连接安装在底架上，见图 7-28。

圆柱螺旋弹簧缓冲器应用较广，其结构简单、制造方便、特性曲线接近直线、刚度稳定。

缓冲装置安全技术要求：

图 7-28   施工升降机缓冲装置安装图

① 每个吊笼应设置 2～3 个缓冲器，对重应设置 1 个缓冲器。同一组缓冲器的顶部相对高差不应超过 5mm。

② 缓冲器中心位置应对应吊笼底梁及对重中心，其位置差不应超过 20mm。

③ 应经常检查清理施工升降机基础表面的垃圾和杂物，防止堆积在缓冲器上使其失效。

④ 应定期检查缓冲器弹簧，发现锈蚀严重或有裂纹应及时更换。

4. 电气控制系统

施工升降机的电气控制系统主要由电气设备、电缆系统及电气安全保护系统三部分组成。

（1）电气设备

1）电气设备组成

电气设备主要由设置在护栏上的电源箱、吊笼内的电控箱、驾驶室内的操作台及行程控制开关和电动机等组成。其主要功能是为施工升降机提供动力源并设置过热、短路、断路等保护。

① 电源箱安装在施工升降机防护栏框架上，将现场总控电

源电缆引导到电源箱处，专供施工升降机使用。电源箱主要设置有总控制开关、熔断器等电气控制元件，见图 7-29(a)。

(a)   (b)   (c)

图 7-29   施工升降机主要电气设备

(a) 电源箱；(b) 电控箱；(c) 操作台

② 电控箱安装在吊笼内的框架上，是施工升降机电气控制系统的关键部分，安装有上下运行交流接触器、控制系统变压器、热继电器、断相和错相保护器等，见图 7-29(b)。

③ 操作台是操控施工升降机运行的主要部件，一般设置在吊笼驾驶室内。操作台上主要有电锁、转换开关、急停按钮、电铃按钮、指示灯等电气工作元件，见图 7-29(c)。

2) 电气设备安全技术要求

① 各类电路的接线工作应由专业人员操作，并符合出厂的各项技术规定。

② 电气设备和电源箱金属外壳应有可靠接地，接地电阻应不大于 4Ω。

③ 所有电缆和配线的布线和安装，应能有效地防护各种机械损伤。

④ 定期检查各类电气元件、电缆和配线，发现老化或失效的元件应及时更换，对破损的电缆线和配线应予以包扎或更换。

⑤ 各类电箱应完整完好，保持整洁和干燥。电源箱必须设

置门锁，并由专人负责管理。

（2）电缆系统

电缆系统的主要作用是防止在振动和风载作用下，电缆与运动部件发生干涉、磨损，减少电缆的张力，从而延长电缆使用寿命。

根据施工升降机使用高度不同，常用的电缆系统主要有以下三种结构形式：

1）普通电缆系统

当施工升降机使用高度在100m以下时，可采用普通电缆系统，见图7-30。

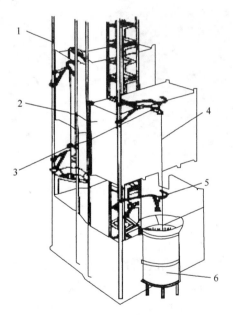

图 7-30　普通电缆系统示意图

1—立管；2—吊笼；3—电缆托架；4—电缆；

5—电缆导向架；6—电缆筒

2）带电缆滑车的电缆系统

当施工升降机使用高度在150m以上时，因电缆线过长造成电压降较大，且电缆受自重的拉力也较大，可采用带电缆滑车的电缆系统。带电缆滑车的电缆系统主要由电缆滑车、电缆托架和电缆导向架等组成。电缆滑车的端部是一个滑轮，吊笼内的电缆通过滑轮连接到地面，电缆滑车架体通过若干滚轮组沿着导轨架与吊笼同步运行，见图7-31(a)。图7-31(b)显示的是安装有加长臂的电缆滑车架，电缆滑车架及电缆导向架都安装在附墙架立管上。

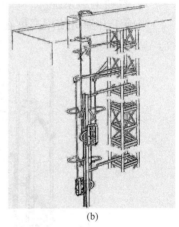

(a)　　　　　　　　　　　　(b)

图7-31　带电缆滑车的电缆系统图
(a) 电缆滑车运行示意；(b) 安装有加长臂的电缆滑车架

3）无电缆供电系统

施工升降机大多采用电缆线作为提升电机的导线，电缆线需要跟随吊笼上下移动，特别是在超高层建筑施工过程中，由于刮风和电缆线自重的影响，很容易因摩擦造成断线或因电缆线过重造成内断，影响施工升降机正常工作。无电缆供电系统解决了上述问题。该供电系统主要由专用滑线集电器（集电刷）和滑线导轨组成。滑线集电器安装在吊笼上，与吊笼内电控箱连接，见图7-32(a)；滑线导轨下端与外接电源箱连接，见图7-32(b)；专用滑线导轨安装在导轨架框架上，可随施工升降机标准节的高

图 7-32　无电缆供电系统结构图

(a) 吊笼位置连接；(b) 滑线导轨下端接线；(c) 导轨架框架

度随意加接，见图 7-32(c)。滑线集电器（集电刷）与滑线导轨通过滑动接触，将电能直接传导至吊笼电控箱，从而实现系统无电缆供电。

（3）电气安全保护系统

施工升降机电气安全保护系统一般设置在吊笼的电控箱内，主要有过流过载保护、相序保护、短路保护、零位保护、急停开关、报警系统、照明等。

1）电动机保护

电动机应具有如下一种或一种以上的保护功能，具体选用应按电动机及其控制方式确定：

① 瞬动或反时限动作的过电流保护，其瞬时动作电流整定值应约为电动机最大电流的 1.25 倍。

② 在电动机内设置热传感元件。

③ 热过载保护。

电动机的过载保护可用过载保护器、温度传感器或电流限制装置等器件来实现。

2）线路保护

所有线路都应具备短路或接地引起的过电流保护功能，在线路发生短路或接地时，瞬时保护装置应能分断线路。对于导线界面较小、外部线路较长的控制线路或辅助线路，当预计接地电流达不到瞬时脱扣电流值时，应增设热脱扣功能，以保证导线不会因接地而引起绝缘烧损。

3）错相和缺相保护

当错相和缺相可能引起危险时，应设错相和缺相保护。

如果电源电压的相序错误可能引起危险情况或损坏起重机械，则应提供相序保护。

采用通电试验方法，断开供电电源任意一根相线或者任意两相换接，检查有断错相保护的施工升降机供电电源的断错相保护是否有效、总电源接触器是否接通。

4）零位保护

施工升降机各传动机构应设有零位保护。运行中若因故障或失压停止运行后，重新恢复供电时，机构不得自行动作，应人为将控制器置回零位后，机构才可重新启动。

开始运转和失压后恢复供电时，必须先将控制器手柄置于零位后，该机构或者所有机构的电动机才可启动。

5）失压保护

当施工升降机供电电源中断后，凡涉及安全或不宜自动开启的用电设备均应处于断电状态，避免恢复供电后用电设备自动运行。

电源中断或电压下降可能引起危险情况时（例如损坏施工升降机），应在预定的电压值下提供欠压保护（如断开施工升降机电源）。对于手动控制的施工升降机，可不用欠压保护。

若施工升降机的运行允许电压短时中断或下降，则可配置带延时的欠压保护器件。欠压保护器件的工作不应妨碍施工升降机任何停车控制的操作。

6）接地与防雷

交流供电起重机电源应采用三相供电方式。设计者应根据不同电网采用不同形式的接地故障保护措施，并由用户负责实施。

施工升降机本体的金属结构应与供电线路的保护导线可靠连接。施工升降机的底架可连接到保护接地的电路上。但其不可取代从电源到施工升降机的保护导线（如电缆、集电导线或滑触线）。司机室与施工升降机本体接地点之间应用双保护导线连接。

施工升降机所有电气设备外壳、金属导线管、金属支架及金属线槽均应根据配电网情况进行可靠接地（保护接地或保护接零）。

严禁用施工升降机金属结构和接地线作为载流零线（电气系统电压为安全电压除外）。

在每个引入电源点，外部保护导线端子应使用字母 PE 来标明。其他位置的保护导线端子应使用图示符号 ⏚ 或字母 PE，或用黄/绿双色组合标记。

对于安装在野外且相对周围地面处在较高位置的施工升降机，应考虑避除雷击对其高位部件和人员造成损坏和伤害。

对于保护接地系统，施工升降机的重复接地或防雷接地的接地电阻不应大于 10Ω，非重复接地的接地电阻不应大于 4Ω。

采用整体金属结构作接地干线时，整体金属结构与供电电源保护接地线应可靠连接。不采用整体金属结构作接地干线时，电气设备正常情况下不带电的外露可导电部分应直接与供电电源保护接地线连接。

检查接地形式，用接地电阻测量仪测量施工升降机接地电阻。测量重复接地电阻时，应把零线从接地装置上断开，并检查是否符合以下要求：

① 采用 TN 接地系统时，零线重复接地每一处的接地电阻不大于 10Ω（测量时把接地线从重复接地体上断开）。

② 采用 TT 接地系统时，施工升降机电气设备的外露可导电部分（电源保护接地线）的接地电阻不大于 4Ω 或施工升降机金属结构的接地电阻与漏电保护器动作电流的乘积不大于 50V。

③ 采用 IT 接地系统时，施工升降机电气设备的外露可导电部分（电源保护接地线）的接地电阻不大于 4Ω。

7）绝缘电阻

对于电网电压不大于 1000V 时，电路与裸露导电部件之间施加 500V 时测得的绝缘电阻不应小于 1MΩ。

对于不能承受所规定的测试电压的元件（如半导体元件、电容器等），试验时应将其短接。试验后，对被试电气装置进行外观检查，应无影响其继续使用的变化。

按被检设备的电压等级确定检验方法。额定电压不大于 500V 时，断开电源，人为使施工升降机上的接触器、开关全部处于闭合状态，使施工升降机电气线路全部导通，将 500V 兆欧表 L 端接于电气线路，E 端接于施工升降机金属结构或者接地极上，测量绝缘电阻值；也可以采用分段测量的方法。测量时应将容易击穿的电子元件短接。

同时检查是否符合以下要求：

① 额定电压不大于 500V 时，一般环境中不低于 0.8MΩ，潮湿环境中不低于 0.4MΩ。

② 电气线路对地、架体、吊笼、提升机构的绝缘值均不低于 1MΩ。

8）照明与信号

每台施工升降机的照明回路的进线侧应从施工升降机电源侧单独供电，当切断施工升降机总电源开关时，工作照明不应断电。各种工作照明均应设短路保护。

当施工升降机总高度大于 120m，且周围无高于施工升降机顶尖的建筑物和其他设施，或施工升降机妨碍空运或水运时，应在其顶部装设红色障碍灯。灯的电源不应受施工升降机停机影响而断电。

施工升降机应有指示总电源分合状况的信号，必要时还应设置故障信号或报警信号。信号指示应设置在司机或有关人员视力、听力可及的地点。

第二节　施工升降机的分类和型号

1. 施工升降机的分类

（1）按传动形式分类

齿轮齿条式施工升降机：即通过布置在吊笼上的传动装置中的齿轮与布置在导轨架上的齿条相啮合，使吊笼沿导轨架作上下运动，来完成人员和物料输送的施工升降机。

钢丝绳式施工升降机：即由提升钢丝绳通过布置在导轨架上的导向滑轮，以及设置在地面上的卷扬机（或曳引机）使吊笼沿导轨架作上下运动的一种施工升降机。

混合式施工升降机：即把齿轮齿条式施工升降机和钢丝绳式施工升降机混为一身的施工升降机。一个吊笼由齿轮齿条驱动，另一个吊笼采用钢丝绳提升。

（2）按使用用途分类

人货两用施工升降机：即为运送工作人员及搬运建材机具等小型货物而设计的施工升降机，其吊笼无内部装饰，井架导轨机构简易，目前最为普遍使用于高楼建筑施工现场中。

载人用施工升降机：即为运送人员而设计的施工升降机，主要用于超高大楼、高架道路桥梁、水坝等载量大或底层完工的建筑场所，其和人货两用施工升降机最大的不同在于，运送对象仅以人为主，吊笼内部装饰及围栏防护构造不同。

载货用施工升降机：即为搬运建材机具等货物而设计的施工升降机，大容量者可连同卡车、堆高机等一起搬运。

特殊用途施工升降机：即为特殊建筑环境、特殊条件用途而设计的施工升降机，如小型或较低建筑物施工时所采用的油压驱动形式升降工作台，及建筑物外部装修时使用的简易升降的吊笼等。

（3）按升降速度分类

低速施工升降机：吊笼升降速度小于或等于 0.1m/s。

快速施工升降机：吊笼升降速度介于 0.1～2m/s 之间。

高速施工升降机：吊笼升降速度大于或等于 2m/s。

（4）按牵引电动机供电电源分类

交流电源供电：大多用于须具备较大调速范围和升降速度小于 1m/s 的施工升降机。

直流电源供电：一般用于高速施工升降机。

（5）按传动装置装设位置分类

具体分为：传动装置装设于吊笼上部的齿轮齿条式施工升降机、传动装置装设于吊笼内部的齿轮齿条式施工升降机、传动装置装设于吊笼下部的钢丝绳或曳引机式施工升降机。

（6）货用施工升降机的特殊分类

1）按提升高度分类

① 高架货用施工升降机：提升高度 30m（不含 30m）以上。

② 低架货用施工升降机：提升高度 30m（含 30m）以下。

2）按提升点分类

① 中心提升式货用施工升降机：提升点在吊笼的中心。

② 偏心提升式货用施工升降机：提升点在吊笼的一边（一般靠近导轨架）。

3）按钢丝绳提升方式分类

① 卷扬机式货用施工升降机：其动力装置为卷扬机。

② 曳引机式货用施工升降机：其动力装置为曳引机。

4）按架体构造分类

按架体构造不同，也可把货用施工升降机分为：单柱双笼、双柱单笼、并架式货用施工升降机，见图 7-33。

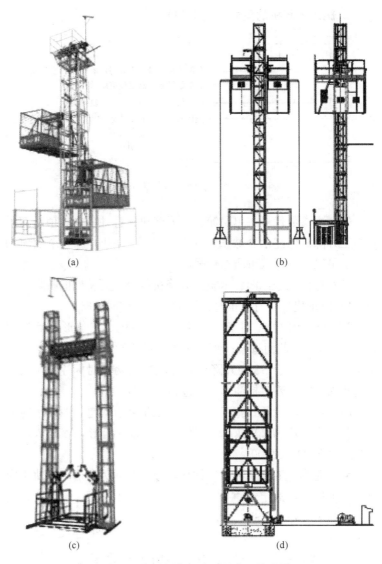

(a)   (b)

(c)   (d)

图 7-33 常见的货用施工升降机外形图

(a) 单柱双笼（钢丝绳牵引或曳引）；(b) 单柱双笼（SC100/100 型）；

(c) 双柱单笼（龙门架）；(d) 井架式货用施工升降机

2. 施工升降机的型号（图 7-34）

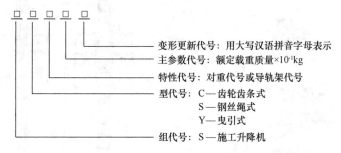

图 7-34 施工升降机型号表示方法

（1）主参数代号：单吊笼施工升降机只标注一个数值，双吊笼施工升降机标注两个数值，用符号"/"分开，每一个数值均为一个吊笼的额定载重质量代号。

（2）特性代号：即表示施工升降机两个主要特性的符号。

1）对重代号：有对重时标注 D，无对重时省略。

2）导轨架代号：对于 SC 型施工升降机，三角形截面标注 T，矩形或片式截面省略；倾斜式或曲线式导轨架则不论何种截面均标注 Q。对于 SS 型升降机，导轨架为两柱时标注 E，单柱导轨架内包容吊笼时标注 B，不包容时省略。

例如：齿轮齿条式施工升降机，双吊笼有对重，两个吊笼的额定载重质量均为 2000kg，导轨架横截面为矩形，表示为：施工升降机 SCD200/200。

钢丝绳式施工升降机，单柱导轨架横截面为矩形，导轨架内包容一个吊笼，额定载重质量为 3200kg，第一次变形更新，表示为：施工升降机 SSB320A。

第三节 施工升降机的主要参数

1. 额定载重质量 G

工作状态下吊笼允许的最大载重质量，单位：kg。

2. 额定提升速度 V

吊笼装载额定载重质量，在额定功率下，稳定上升的设计速度。单位：m/s。

3. 电动机额定功率 W

电动机在额定运行条件（额定电压、额定频率、额定负载）下，转轴上输出的机械功率。额定功率并不是指在实际运行过程中的一个数值，其实际上是描述了电动机的做功能力。单位：kW。

4. 最大提升高度 H

吊笼运行至最高上限位时，吊笼底板与底架平面间的垂直距离。单位：m。

5. 吊笼净重尺寸 L

吊笼内空间大小（长、宽、高）。单位：m。

6. 吊笼质量 G_1

无任何载荷情况下吊笼的总质量。单位：kg。

7. 对重质量 G_2

无任何力的作用下对重的总质量。单位：kg。

8. 整机自重 $G_总$

不含载人及货物质量在内的整机所有质量总和。单位：kg。

参考示例见表 7-2。

SC200/200 施工升降机主要性能参数   表 7-2

参数型号		SC200/200	SC200/200（变频）
额定载重质量（kg）		2×2000	2×2000
额定乘员数（人）		2×12	2×12
额定起升速度（m/min）		28	0～33
最大起升高度（m）		150	150
导轨架尺寸（m）		0.65×0.65×1.508	0.65×0.65×1.508
吊笼尺寸（m）		3.2×1.5×2.4	3.2×1.5×2.4
电动机	型号	YZZ132M-4	YZZ132M-4
	额定功率（kW）	11×3×2	11×3×2

参数型号		SC200/200	SC200/200（变频）
减速机	中心距（mm）	125	125
	传动比	1∶16	1∶16
安全器	型号	SAJ40-1.2	SAJ40-1.2
	形式	渐进式	渐进式
	动作速度（m/s）	1.2	1.2
	制动力矩（N·m）	4000	4000
自由端高度（m）		7.5	7.5

第八章　施工升降机的安全
操作使用与检查

第一节　施工升降机司机的安全职责

1. 施工升降机司机的安全职责

（1）认真学习贯彻执行党和国家的有关安全法规标准。

（2）严格执行上级有关部门的施工升降机安全操作规章制度。

（3）认真做好施工升降机驾驶安全检查、维修、保养工作。

（4）爱护和正确使用电气设备、工具和个人防护用品。

（5）在作业中发现不安全情况，应立即采取紧急措施，并向有关部门领导汇报。

（6）努力学习施工升降机驾驶操作技术，能正确处理和排除工作中的安全隐患及故障。

（7）有权拒绝违章指挥，有权制止任何人违章作业。

2. 施工升降机司机的岗位责任制内容

（1）严格遵守安全操作规程，严禁违章作业。

（2）认真做好作业前的检查、试运转工作。

（3）及时做好班后整理工作，认真填写试车检查记录、使用记录（一般包括运行记录、维护保养记录、交接记录和其他内容）。

（4）严格遵守施工现场的安全管理规定。

（5）做好"调整、紧固、清洁、润滑、防腐"等维护保养。

（6）及时处理和报告施工升降机故障及安全隐患。

第二节　施工升降机的安全操作使用

1. 施工升降机的安全操作

（1）安全操作要求

1）施工升降机操作人员（司机）必须经过专业培训，经考试合格后方可持证上岗，身体健康，无恐高症、高血压、心脏病等疾病。

2）当顶部风速大于 20m/s 时，不得开动施工升降机；当风速大于 13m/s 时，不得进行架设、接高和拆卸导轨架作业。

3）当导轨架及电缆上结冰或者出现其他异物时，不得开动施工升降机。

4）经常观察吊笼运行通道有无障碍物、电路是否脱离保护架。

5）施工升降机必须始终保持所有的部件齐全、完整。

6）施工升降机的基础不允许存有积水。

7）严禁施工升降机司机酒后操作，或身体有不良症状操作。

8）严禁超载、偏载运行，不得人货混装。

9）吊笼运行状态时，严禁开门或者将手及物品伸到吊笼以外，以免发生危险。

10）如施工升降机发生故障或异常情况，务必及时通知相关维修人员或通知生产厂家维修人员。

11）吊装运行时必须通知所有相关人员，运行出现异常情况时应立即按下急停按钮。

12）下班后应将施工升降机吊笼停靠在地面站台，锁好吊笼门并切断供电电源。

13）吊笼内的物品放置必须稳当可靠，防止倾斜或翻倒。

14）每次检修电路，必须断开主电源，停机 10min 后才可检修。

15）断开主电源后，若要重新使施工升降机运行，应先按启动按钮，接通主电源至少 3s 后才可重新启动。

16）不允许在吊笼内或笼顶吸烟。

17）严禁在吊笼内放置易燃易爆物品。

18）安装工况下，必须采用笼顶操作。

19）按要求定期进行检查、保养及作坠落试验。

（2）作业前的重点检查内容

1）检查导轨架等结构有无变形，连接螺栓有无松动，节点有无裂缝、开焊等情况。

2）检查附墙是否牢固、接料平台是否平整、防护是否到位。

3）检查钢丝绳固定是否良好、断股断丝是否超标。

4）查看吊笼和对重运行范围内有无障碍物。

5）电源接通前，检查地线、电缆是否完整无损，操作开关是否置于零位。

6）电源接通后，检查电压是否正常、机件有无漏电、电气仪表是否灵敏有效。

7）检查安全开关是否有效，在进行以下操作时，应当确保吊笼均不能启动：

① 打开围栏门。

② 打开吊笼单开门。

③ 打开吊笼双开门。

④ 打开顶盖紧急出口门。

⑤ 触动防断绳安全开关。

⑥ 按下紧急制动按钮。

8）进行空载运行，检查上下限位开关、极限开关及其碰铁是否有效、可靠、灵敏。

9）检查各润滑部位是否润滑良好。如润滑情况差，应及时进行润滑；油液不足时应及时补充润滑油。

（3）作业中的注意事项

1）使用过程中，司机可以通过听、看、试等方法及早发现施工升降机的各类故障和隐患，通过及时检修和维护保养，可以避免其零部件的损坏或损坏程度的扩大，避免事故发生。

2）吊笼内乘人或载物时，应使荷载均匀分布，不得偏重，严禁超载运行。

3）司机应集中注意力，严禁与他人闲谈。

4）施工升降机在大雨、大雾、六级及以上大风以及导轨架、电线结冰时，必须停止运行，并将吊笼降到底层，锁好吊笼门，切断电源。

5）施工升降机运行到最上层或最下层时，严禁用行程限位开关作为停止运行的控制开关。

（4）作业结束后的安全要求

1）工作完毕后，司机应将吊笼停靠至地面层站。

2）司机应将控制开关置于零位，切断电源开关。

3）司机在离开吊笼前应检查吊笼内外情况，做好清洁保养工作，熄灯并切断控制电源。

4）司机离开吊笼时，应将吊笼门和防护围栏门关闭严实，并上锁。

5）切断施工升降机专用电箱源和开关箱电源。

6）如装有空中障碍灯时，夜间应打开障碍灯。

7）当班司机应写好交接班记录，进行交接班。

（5）安全操作基本程序

1）按有关要求做好操作前的检查。

2）操作前检查情况良好时，合上地面站主开关。

3）合上吊笼内电源三相开关。

4）按压标明方向符号的控制按钮，施工升降机吊笼起升。

5）按照有关条款内容集中精力驾驶施工升降机。

6）按压停车按钮，施工升降机吊笼停车。

7）如果各停靠站都装有限位撞铁作自动停层之用，则应在停层前按压反向按钮。

8）施工升降机吊笼到达顶部或地面停靠站前，应按压停车按钮，不允许用上下限位装置作顶部停靠站或地面站的停层之用，以防其失灵造成吊笼在顶部倾翻或冲击地坑的事故。

9）若从各停靠站上操作施工升降机，其方法如上述。

10）若在吊笼顶部进行工作，则必须按照有关条款规定用电缆将控制盒拉到吊笼顶部进行操作，同时应把开关转到"安装"位置。

11）若按压按钮后，施工升降机吊笼未见起升，则应立即按停车按钮，通知专业人员排除故障。

2. 施工升降机的安全使用

（1）在每次安装、顶升后，了解以下基本信息，并验证是否满足：

1）最大允许独立高度。

2）附着间距。

3）导轨架顶端自由高度。

4）供电电压。

5）最大电流。

6）最大功率。

（2）在每次作业前，了解以下作业情况，并验证是否满足：

1）工作状态下的最大允许风速。

2）温度范围。

3）额定载重质量。

4）吊笼空间尺寸。

5）安全保护装置齐全及可靠性。

6）吊笼及对重运行通道无障碍物。

7）安全技术交底等所提到的特殊情况。

第三节　施工升降机的检查

1. 检查基本要求

施工升降机的检查分为每日检查、每周检查、每月检查、季度检查、年度检查。设备操作人员完成每日检查和每周检查。

检查基本要求：

（1）必须由具有相关资格的人员进行对应的操作。

（2）进行电气检查时，必须穿绝缘鞋。

（3）进行电机检查时，必须切断主电源10min后才能检修。

（4）检查人员应遵照高处作业安全要求，包括必须戴安全帽、系安全带、穿防滑鞋等。不得穿过于宽松的衣服，应穿工作服。

（5）严禁夜间或酒后进行操作、检查。

（6）施工升降机运行时，操作人员的头、手绝不能伸出安全围栏外。

（7）除了对天轮、附墙架连接、标准节连接和电缆导向装置检查时需要将吊笼停在相应检查位置之外，进行其他检查时都应将吊笼停在底层。

2. 每日检查

（1）检查外电源箱总开关、总接触器是否吸合。

（2）进行下列开关的安全检测，每次检测试验吊笼均不能启动：

1）按下急停按钮。

2）打开吊笼单开门。

3）打开吊笼双开门。

4）打开外笼门。

5）打开各层门。

（3）检查吊笼运行通道有无障碍物，确保吊笼通畅无干涉。

（4）检查电缆是否脱离电缆保护架。

（5）检查电缆、电缆轮、标准节立管或齿轮、齿条上有无黏附物。如有发现水泥砂浆或石头等坚硬杂物，应及时清理。

3. 每周检查

（1）检查吊笼门，确保吊笼门不会脱离门框轨道。可通过调整下门轮的位置，使门与两轨道之间的间隙保持一致。

（2）检查上下限位开关、减速限位开关、极限限位开关，确保其能与碰铁正常碰触，并切断电源。

（3）逐一进行下列开关安全试验，每次试验吊笼均不能启动：

1）打开吊笼天窗门。

2）触动断绳保护开关。

（4）检查齿轮齿条的啮合间隙，保证最大间隙 f 不超过 3mm，齿轮、齿条最小啮合宽度至少为 90％的齿条计算宽度。

（5）检查小齿轮、导轮、滚轮、附墙架、导轨架及标准节齿条的连接螺栓是否连接牢固。

（6）检查电缆托架、保护架及挑线架的连接螺栓有无松动，安装位置有无偏移。

（7）根据要求，对需要润滑的部位进行润滑。

（8）检查减速机润滑油，如有漏油或油液不足等情况，应补充润滑油。

（9）检查电机及减速机有无异常发热或异常噪声。如果是变频调速施工升降机，则应作如下检查：

1）检查电控箱内和电阻箱内的散热风扇是否正常转动。

2）检查变频器电流是否超出额定值。

4. 每月检查

（1）检查传动机构螺栓紧固情况，包括减速机安装螺栓、传动装置安装螺栓等。

（2）检查门配重运行时是否灵活、有无卡阻。

（3）检查吊笼及外笼门锁是否有松动或变形。

（4）检查层门碰铁位置是否有移动或松动。

（5）对施工升降机各个需日检或周检的部位全面大检一次。

（6）检查滚轮的磨损情况，将滚轮与立管的间隙调整为 0.5mm，调整间隙时，先松开螺母，再转动偏心轴，校准后紧固。

（7）根据要求，对需要润滑的部位进行润滑。

5. 季度检查

（1）检查各个滚轮、滑轮及导向轮的轴承，根据情况进行调整或者更换。

（2）检查电机和电路的绝缘电阻及电气设备金属外壳、金属结构的接地电阻值不大于4Ω。

（3）按规范要求进行坠落实验，检查安全器的可靠性。

（4）根据要求，对需要润滑的部位进行润滑。

（5）对于调频施工升降机应作如下检查：

1）检查变频器外部端子、单元的安装螺钉、接插件是否松动。

2）检查电阻是否有灰尘堆积，如有则用 $4\sim6kg/cm^2$ 的干燥空气吹掉。

3）检查各冷却风扇是否运转正常、有无异常声音或振动。

6. 年度检查

（1）检查电缆线，如有破损或老化应立即修理和更换。

（2）检查减速机与电机间联轴器的橡胶块是否老化、破损，如有需及时更换。

（3）对于调频施工升降机应作如下检查：

1）检查变频器的滤波电解电容是否有异常，如变色等。

2）检查变频器印刷基板是否有导电灰尘及油腻吸附，如有则用 $4\sim6kg/cm^2$ 的干燥空气吹掉。

3）检查变频器功率元件是否有灰尘吸附，如有则用 $4\sim6kg/cm^2$ 的干燥空气吹掉。

（4）全面检查各零部件并进行保养及更换（包括对使用期限的鉴定更换）。

（5）根据要求，对需要润滑的部位进行润滑。

7. 坠落试验

施工升降机吊笼的坠落试验，应由专业人员组织进行，施工升降机司机可协助参与，共同完成坠落试验。

首次使用的施工升降机，或转移施工场所后重新安装的施工升降机，必须在投入使用前进行额定载荷坠落试验。施工升降机投入正常运行后，还需每隔 3 个月定期进行一次坠落试验，以确保施工升降机的使用安全。坠落试验一般程序如下：

（1）在吊笼中加载额定载重质量。

（2）切断地面电源箱的总电源。

（3）将坠落试验按钮盒的电缆插头插入吊笼电气控制箱底部坠落试验专用插座中。

（4）把试验按钮盒的电缆固定在吊笼电气控制箱附近，将按钮盒设置在地面。坠落试验时，应确保电缆不卡住。

（5）撤离吊笼内所有人员，关上全部吊笼门和围栏门。

（6）合上地面电源箱中的主电源开关。

（7）按下试验按钮盒标有上升符号的按钮（符号↑），驱动吊笼上升至离地面约 3～10m 的高度。

（8）按下试验按钮盒标有下降符号的按钮（符号↓），并保持按住该按钮，此时电机制动器松闸，吊笼下坠。当吊笼下坠速度达到临界速度时，防坠安全器动作后刹住吊笼。

（9）当防坠安全器未能按规定要求动作而刹住吊笼，必须将吊笼电气控制箱上的坠落试验插头拔下，操控吊笼下降至地面后，查明防坠安全器不动作的原因，排除故障后方可再次进行试验，必要时需送生产厂校验。

（10）防坠安全器按要求动作后，驱动吊笼上升至高一层的停靠站。

（11）拆除试验电缆。此时，吊笼应无法启动。因防坠安全器动作时，其内部的电控开关已动作，以防止在试验电缆被拆除而防坠安全器尚未按规定要求复位的情况下吊笼被启动。

第九章　施工升降机的维护保养

第一节　施工升降机维护保养的基本要求

1. 维护保养的必要性和重要性

（1）施工升降机维护保养的必要性

1）施工升降机所在施工现场的工作环境通常较差，风吹雨打及灰尘砂石的侵蚀，极易造成机械设备的锈蚀、磨损，必须经常对其检查和保养。

2）机械运转过程中，各工作机构运转部位的润滑油会自然损耗，必须及时补充或更换。

3）各工作机构的运转部件经过一段时间的使用后，零部件间隙会因磨损而发生变化，需及时发现、调整或更换。

4）各工作机构在运转不正常的情况下，若不能得到及时发现和维修，会导致工作机构完全损坏，造成安全事故或缩短整机使用寿命，因此需加强对施工升降机日常的维护和保养工作。

（2）施工升降机维护保养的重要性

1）使施工升降机始终处于完好状态，并保持安全运行状态。

2）避免和防止施工升降机在运行过程中可能出现的故障。

3）延长施工升降机的使用寿命。

2. 维护保养的基本要求

施工升降机维护保养一般采用"五步作业法"，即：清洁、紧固、调整、润滑、防腐。

（1）清洁：对设备各部位的尘土、污垢、油污进行清除，减少零部件的锈蚀、磨损。

（2）紧固：检查连接件的松动情况，及时紧固到位，减少或消除因连接件松动造成的变形、断裂、分离，甚至机械事故。

（3）调整：对零部件的间隙、行程、角度、压力、松紧度、速度等进行检查和调整，保证其灵活可靠、始终处于正常运行状态。

（4）润滑：按照产品使用说明书及相关规范要求，选用合适的润滑油，对规定部位进行加注或更换，减少零件的磨损，使其保持良好的运动状态。

（5）防腐：对裸露的设备及部件表面进行补漆或涂抹油脂，作防潮、防锈处理，防止设备或部件因腐蚀而损坏，延长设备的使用寿命。

第二节　施工升降机维护保养的分类和工作内容

施工升降机的维护保养分为例行保养、初级保养和高级保养三个级别，高级别的保养需同步进行所有低级别保养的内容。进入施工现场使用的施工升降机必须按规定或按期进行维护保养。由设备产权单位建立设备保养档案，并做好各级保养记录的收集归档。

1. 维护保养的工作内容

各级别的维护保养应做到：

（1）例行保养作业应在每班班前、班中、班后进行，作业主要内容为检查、调整、紧固、润滑、清洁、防腐等，作业人员应是当班司机，当班司机发现设备不符合标准要求时，应停止作业，并及时联系专业维修人员维修。

（2）初级保养应在施工现场进行，保养周期为闲置、连续工作一个月或累计工作300h，作业主要内容为检查、调整、紧固、润滑、清洁、防腐等，作业人员以专业维保人员为主，司机协助。

（3）高级保养宜在保养场内进行，保养周期为一个建筑工程周期，作业主要内容为拆检、调整、润滑、清洁、防腐、更换等，作业人员应不少于3名专业人员。承担高级保养的单位应有设备堆放场地、维护保养车间及必要的维护保养工具。

（4）多班作业时，应执行交接班制度。当班司机应将设备保养和运转情况向接班司机交底，并办理交接手续。

（5）施工升降机需停用一个月以上或封存时，应认真做好停用或封存前的保养工作，并采取预防风沙、雨淋、水泡、锈蚀等措施。

2. 主要部件的维护保养

（1）结构件的维护保养

1）例行保养：防护围栏应完好、无损坏；围栏门机电联锁装置应可靠、有效，围栏门开启时吊笼不可启动；紧固围栏门滑轮螺栓；检查、清洁围栏门及吊笼门滑轮滑道；检查标准节钢结构，确保无明显变形、扭曲、焊缝裂纹等现象；导轨架螺栓、附墙装置与建筑物连接螺栓应牢固可靠；销轴连接应齐全到位，轴向止动可靠。

2）初级保养：紧固导轨架连接螺栓、齿条与导轨的连接螺栓、背轮螺栓、连接件上的连接螺栓，使其预紧力达到使用说明书要求；检查天轮，天轮应有防护罩、转动灵活无异响、连接可靠；紧固附墙装置连接件。

3）高级保养：清理围栏和围栏门上残留的建筑垃圾，整修变形、破损的围栏和围栏门；围栏门的机电联锁装置应完好；对修复整形好的围栏进行除锈、防腐、油漆作业；清理底架、缓冲器上的建筑垃圾，并进行除锈、防腐、油漆作业；清理标准节、附墙装置上的建筑垃圾；检查标准节、附墙装置的焊接点，对脱焊、裂纹、变形的结构进行整形、修复，变形、锈蚀严重时应予以更换，主要受力构件的修复和更换应由具有相应资质的机构完成；对修复后的标准节、附墙装置、天轮架、天轮防护罩进行除锈、防腐作业；检查天轮防护罩、天轮组件，天轮、轴承、轴磨损严重时应予以更换，并注入润滑脂；各连接螺栓、销轴、开口销应完好可靠，并对其进行除锈、涂油、螺纹清理；更换损坏零件，确保各部件连接有效可靠。

（2）吊笼的维护保养

1）例行保养：吊笼内的安全操作规程和安全警示标识应完整、齐全，且无油污覆盖；吊笼门、笼顶天窗机电联锁装置应完好、有效，确保吊笼在门完全关闭后才可启动；清除吊笼内和吊笼下部残留的建筑垃圾、油污和积水；清洁笼底的弹簧缓冲器，确保其正常工作；清除电机外壳、传动机构、防坠安全器等部件上的灰尘及油污；清洁围栏门及吊笼门滑轮和轨道。

2）初级保养：检查吊笼各受力杆件，应完整无变形；紧固各连接螺栓，及时修复脱焊、裂缝或变形杆件；检查导向轮、背轮及滑轮轴承的完好状况，必要时进行调整或更换；对重导向轮应转动灵活；每次加节和降节作业前，应对吊笼顶部吊杆装置进行检查。

3）高级保养：卸下吊笼顶部整套吊杆装置，对吊杆进行清理、除锈；检查、清理、润滑滑轮，磨损严重的应予以更换；修复破损、变形的吊笼门，清洁、润滑吊笼门上的滑轮，磨损严重的应予以更换，主要受力构件的修复和更换应由具有相应资质的机构完成；检查导向轮、背轮及滑轮轴承的完好状况，磨损严重的应予以更换；检查吊笼的钢结构框架、壁板，修复变形、脱焊、裂纹、锈蚀的部位，对吊笼进行油漆作业。

（3）传动机构的维护保养

1）例行保养：传动机构应运行正常、无异响、无漏油现象，传动板固定可靠，缓冲橡胶垫无老化现象；制动器制动应性能良好可靠，手动松闸装置完好，转动零部件外露部分有防护罩；作业前应试运行，确认制动器灵敏可靠；导向轮正确连接、充分润滑、运行灵活、无明显倾斜偏摆现象；齿轮齿条应啮合正常、固定牢靠；背轮应正常工作。

2）初级保养：检查并调整滚轮与导轨架立管间隙，该间隙应不大于 0.50mm；检查并调整齿轮与齿条间隙，该间隙应为

0.20～0.50mm；检查并调整背轮与齿条间隙，该间隙应不大于0.50mm；更换过度磨损的齿轮、齿条、背轮等部件。

3）高级保养：检查、清洗各导轮、背轮及轴承、轴及密封件，更换磨损严重和损坏的零件，重新装配，并涂抹润滑油；清洗减速器各零部件，更换磨损严重、变形、损坏的零部件，并按使用说明书要求加注或更换润滑油；拆检制动器，清洗内部各部件，更换过度磨损的零部件；测量传动机构的齿轮、齿条磨损情况，磨损超标的齿轮、齿条应及时更换。

制动器零件有下列情况之一的应予以更换：

① 可见裂纹。

② 制动块摩擦衬垫磨损量达原材料厚度的50%。

③ 制动轮表面磨损量达1.5～2mm。

④ 弹簧出现塑性变形。

⑤ 电磁铁杠杆系统空行程超过其额定行程的10%。

（4）安全装置的维护保养

1）例行保养：防坠安全器应运行正常且标定期限在有效标定期内；安全钩应固定可靠、完好有效；断绳保护装置应完好可靠；上、下限位开关和极限开关及撞块应位置准确、可靠有效。每班作业前应在全行程内运行一次，确保安全装置运行正常。

2）初级保养：检查限速器，限速器应完好有效，紧固固定螺栓；检查防坠安全器线路，应连接完好，手控试验开关应灵敏可靠。

3）高级保养：卸下安全防坠器，检查安全防坠器的使用有效期和检测有效期。安全防坠器的使用有效期为5年，检测有效期为1年，超过使用有效期应予以更换，超过检测有效期的应送具有资质的检验机构检测；拆下断绳保护开关、上下限位开关、极限开关，进行清洁、除锈、润滑、修复作业。

（5）电气系统的维护保养

1）例行保养：试运行时，系统应运转正常无异响；电控系统中的仪表、操纵杆、电铃按钮、急停开关按钮、照明灯按钮等应灵敏有效；各部位行程开关应完好、灵敏可靠；电缆应无破损现象，电缆托架及保护架应连接牢固，电缆运行通畅；连接线端子、熔断器接头应连接良好、牢固可靠；清理配电箱灰尘和异物。

2）初级保养：测试接地电阻，接地电阻值应不大于 4Ω；清除控制箱、接触器上的灰尘和铜屑，修磨或更换烧蚀磨损的触头，使其接触均匀、间隙适当；清除操作台内部积尘，接线端子和各触头应无氧化、烧蚀及弧坑现象。

3）高级保养：清理开关箱、运行控制配电箱、变频控制箱、操作箱以及各限位器上的灰尘，检查各接线端子的连接，当有松动或脱落时，应予以紧固配齐；箱内电线排列应整齐，对全部电气元件、各限位器、操作箱上的操纵杆、按钮、仪表进行全面检查与调整，当有烧蚀、磨损、老化、失灵的元件时，应予以更换；检查、整理电缆线，当有破损时，应予以更换；对电缆筒进行清理、油漆作业，并将清理好的电缆线按顺时针整齐地圈放入电缆筒中。

（6）钢丝绳的维护保养

1）例行保养：检查钢丝绳在绳筒上的排列状态是否整齐，钢丝绳运行周围应无障碍物，钢丝绳上不得有砂粒及杂物，且不与金属结构摩擦；检查钢丝绳两端紧固状态，绳卡应符合使用规定；钢丝绳应润滑良好，必要时补充涂抹润滑脂；检查钢丝绳断丝、磨损、扭曲变形是否符合《起重机 钢丝绳 保养、维护、检验和报废》GB/T 5972—2016 的要求，必要时采用工具测量，超出标准要求时应予以更换。

2）初级保养：同上。

3）高级保养：钢丝绳应在检查、清理、润滑后，盘好存放。

（7）施工升降机的润滑作业

各部位润滑油应经常检查、加注并按季节更换（更换时，应清洗油箱各部位），按照表 9-1 规定的润滑部位及作业方法，具体要求参照使用说明书。

施工升降机润滑部位及作业方法 表 9-1

序号	润滑部位	润滑油（脂）	润滑周期	润滑方式
1	减速箱	N320 涡轮润滑油		检查油位，不足时加注
2	齿条	2 号钙基润滑脂		加注钙基润滑脂时，施工升降机下降并停止使用 2～3h，使钙基润滑脂凝结
3	安全器	2 号钙基润滑脂	每月	油嘴加入
4	对重绳轮	钙基脂		加注
5	导轨架导轨	钙基脂		刷涂
6	门滑道、门对重滑道	钙基脂		刷涂
7	对重导向轮、滑道	钙基脂		刷涂
8	滚轮	2 号钙基润滑脂		油嘴加入
9	背轮	2 号钙基润滑脂		油嘴加入
10	门导轮	20 号齿轮油		滴注
11	电机制动器锥套	20 号齿轮油	每季度	滴注，切勿滴到摩擦盘上
12	钢丝绳	沥青润滑脂		刷涂
13	天轮	钙基脂		油嘴加入
14	减速箱	N320 涡轮润滑油	每年	清洗、换油

第十章　施工升降机常见故障的
处理和隐患预防

第一节　施工升降机常见故障和处理方法

施工升降机在使用过程中发生故障的原因有很多，主要包括施工现场工作环境恶劣、维护保养不及时、操作人员违章作业以及零部件的自然磨损等多方面。施工升降机发生异常时，应立即停止作业，及时向有关部门报告，并及时处理、排除故障，恢复正常后方可继续作业。

1. 施工升降机的常见故障和处理方法

施工升降机的一些常见故障和处理方法见表 10-1。

施工升降机的常见故障和处理方法　　　　表 10-1

序号	常见故障	故障分析	处理办法
1	吊笼运行跳动	导轨架对接阶差过大	调整导轨架对接
		齿条螺栓松动，对接阶差过大	紧固齿条螺栓，调整对接阶差
		齿轮磨损严重	更换齿轮
2	吊笼运行不平稳	导向滚轮与背轮间隙过大	调整导向滚轮与背轮间隙
		导向滚轮连接松动	紧固导向滚轮
		减速器轴弯曲	更换减速器轴
		齿条损坏或齿条间过渡欠佳	检查、更换齿条
		齿条齿轮间隙过大或缺少润滑	调整齿轮、齿条啮合间隙或添加润滑油

序号	常见故障	故障分析	处理办法
3	吊笼启、制动时，动作异常猛烈	电机制动器动作不同步	调整制动器使之达到同步或清理制动器
		驱动板连接部位松动	拧紧连接螺栓，更换缓冲垫片
		电机制动力矩过大	检查制动力矩并放松至合理值
4	制动器无动作或动作滞后	制动电路出现故障	检查制动电路，排除故障
		制动块磨损超标	更换制动块
		拉手上的螺母拧得过紧	拧松螺母，退至开口销处
		制动器有卡阻	清理、润滑制动器
5	减速器发热严重或有异响	减速器润滑油量不足	补充润滑油
		蜗轮、蜗杆磨损	检查更换蜗轮、蜗杆
		联轴节损坏	检查、修复联轴节
		轴承损坏	更换轴承
		输出轴弯曲	更换输出轴
6	吊笼启动困难，电机发热严重	电源功率不足，电压降过大	停机，电压正常后继续使用
		制动器动作不正常	检查、修复制动器
		超载	禁止超载
7	滚轮卡阻、异响	轴承损坏	更换轴承并保证润滑
		滚轮磨损超标	更换滚轮
8	钢丝绳磨损严重或有断丝现象	钢丝绳润滑不良	按要求润滑
		天轮工作异常	检查、修复天轮
		已超过使用有效期	更换钢丝绳
9	漏电保护开关频繁跳闸	电气装置绝缘性不良	检查各电气装置接地电阻，修理或更换
		电路短路或漏电	检修电路
		动作电流过低	调整动作电流或更换

序号	常见故障	故障分析	处理办法
10	上下限位开关失灵	上下限位开关损坏	更换上下限位开关
		上下限位碰块移位	恢复上下限位碰块位置
11	供电电源及控制电路正常，但电机不工作	电缆断股	检修电缆，确保其可靠连接
		电机内一组线圈烧坏	检修电机
12	吊笼墩底	超载	禁止超载
		下限位和极限位开关不正常	按要求检查各限位，保证其处于正常工作状态
13	吊笼不能启动	元件损坏或线路开路断路	更换元件或修复线路
		护栏门、天窗、单开门、双开门限位动作不正常	检修护栏门、天窗、单开门、双开门限位
		电锁未打开或急停开关未旋出	打开电锁或旋出急停开关
		相序接错	正确接线
		总极限开关动作	手动复位总极限开关
14	吊笼启动困难	设备离电源距离远，电缆截面过小，造成电压损失过大	缩短电源距离或增大电缆截面面积
		电源质量欠佳，电压过低或缺相	改善电源质量，防止缺相运行
15	吊笼下滑	超载	减轻载荷
		制动器过松	重新调整制动器
		电压过低	改善电源质量
16	交流接触器易烧毁	供电源压降大，启动电流过大	缩短供电电源与施工升降机的距离或增大供电源电缆截面面积

2. 货用施工升降机的常见故障和处理方法

货用施工升降机的一些常见故障和处理方法见表 10-2。

货用施工升降机的常见故障和处理方法　　表 10-2

序号	常见故障	故障分析	处理方法
1	总电源合闸即跳	电路内部损伤、短路或相线接地	查明原因，修复电路
2	电压正常，但主接触器不吸合	限位开关未复位	限位开关复位
		相序接错	正确接线
		电气元件损坏或线路开路、断路	更换电气元件或修复电路
3	操作按钮在上下运行位置，但交流接触器不动作	限位开关未复位	限位开关复位
		操作按钮线路断路	修复操作按钮线路
4	电机启动困难，并有异常声响	卷扬机制动器未调好或线圈损坏，制动器未打开	调整制动器间隙，更换电磁线圈
		严重超载	减少吊笼载荷
		电动机缺相	正确接线
5	上下限位开关不起作用	上下限位损坏	更换限位
		限位架和限位片碰块位移	恢复限位架和限位片位置
		交流接触器触点粘连	修复或更换接触器
6	交流接触器释放时有粘连	交流接触器复位受阻或粘连	修复或更换接触器
7	电路正常，但操作时而正常，时而不正常	线路接触不良或虚接	修复线路
		制动器未彻底分离	调整制动器间隙

序号	常见故障	故障分析	处理办法
8	吊笼不能正常起升	供电电压低于380V或供电阻抗过大	暂停作业，恢复供电电压至380V
		冬季减速箱润滑油过稠过多	更换润滑油
		制动器未彻底分离	调整制动器间隙
		超载或超高	减少吊笼载荷，下降吊笼
		停靠装置插销伸出，挂在架体上	恢复插销位置
	吊笼不能正常下降	断绳保护装置误动作	恢复断绳保护装置
		摩擦副损坏	更换摩擦副
9	制动器失效	制动器各运动部件调整不到位	修复或更换制动器
		机构损坏，使运动受阻	修复或更换制动器
		电气线路损坏	修复电气线路
		制动衬料或制动轮磨损严重，制动衬料或制动块连接铆钉部分露出	更换制动衬料或制动轮
10	制动器制动力矩不足	制动衬料和制动轮之间有油垢	清理油垢
		制动弹簧过松	更换弹簧
		活动铰链处有卡滞或有磨损过甚的零件	更换失效零件
		锁紧螺母松动，引起调整用的横杆松脱	紧固锁紧螺母
		制动衬料和制动轮之间的间隙过大	调整制动衬料和制动轮之间的间隙

序号	常见故障	故障分析	处理办法
11	制动器制动轮温度过高，制动块冒烟	制动轮径向跳动严重超差	调整制动轮与轴的配合状态
		制动弹簧过紧，电磁松闸器存在故障而不能松闸或松闸不到位	调整松紧螺母
		制动器机件磨损，造成制动衬料与制动轮之间位置错误	更换制动器机件
		铰链卡死	修复
12	制动器制动臂不能张开	制动弹簧过紧，造成制动力矩过大	调整松紧螺母
		电源电压低或电气线路出现故障	恢复供电电压380V，修复电气线路
		制动块与制动轮之间有油垢，形成粘边现象	清理污垢
		衔铁之间连接定位件损坏或位置变化，造成衔铁运动受阻，推不开制动弹簧	更换连接定位件或调整位置
		电磁衔铁铁芯之间间隙过大，造成吸力不足	调整电磁衔铁铁芯之间的间隙
		电磁衔铁铁芯之间间隙过小，造成铁芯吸合行程过小，不能打开制动	
		制动器活动构件有卡滞现象	修复活动构件
13	制动器电磁铁合闸缓慢	继电器常开触点有粘连现象	更换触点
		卷扬机制动器未调好	调整制动器

序号	常见故障	故障分析	处理办法
14	吊笼停靠时有下滑现象	卷扬机制动机摩擦片磨损过大	更换摩擦片
		卷扬机制动器摩擦片、制动轮上粘油	清理油垢
15	正常动作时断绳保护装置动作	制动块（钳）压得过紧	调整制动滑轮间隙
16	吊笼运行时有抖动现象	导轨上有杂物	清除杂物
		导向滚轮（导靴）和导轨间隙过大	调整间隙
17	钢丝绳磨损过快	滑轮不转动	检查或更换滑轮
		滑轮与绳径不相符	更换钢丝绳或滑轮
18	钢丝绳卷绕不齐	钢丝绳牵引方向与卷筒轴线不垂直	调整卷扬机安装位置
		钢丝绳直径不符合要求	更换合适的钢丝绳
19	卷筒筒壁裂纹	材质不均匀	更换新卷筒
		冲击载荷过大	
20	减速箱噪声大	齿轮啮合不良	调整齿轮啮合间隙
21	减速箱温升过高	润滑油过多或过少	加注润滑油到规定的油面高度
22	减速箱漏油	油封失效	更换油封
		轴颈磨损	修磨轴颈
		分箱面不平	研磨分箱面

第二节　施工升降机常见事故隐患和预防措施

1. 防坠安全器失灵导致事故

防坠安全器是施工中起重要作用的安全保护部件，可防止吊笼坠落事故的发生，保证乘员的生命安全。因此，防坠安全器出厂试验十分严格，出厂前必须由法定的检验单位对其进行转矩测量、临界转速测量、弹簧压缩量测量，出具测试报告并注明标定日期。

将防坠安全器组装到施工升降机上后，须进行额定载荷下的坠落试验，施工现场中使用的施工升降机必须每3个月进行一次坠落试验。对新出厂或使用满1年的防坠安全器（按防坠安全器标牌上的标定日期起算，包括闲置1年的），都必须送到法定的检验单位进行检测试验，测试其安全可靠性能，以后每年检测一次。

2. 安全开关失效导致事故

施工升降机的安全开关均根据安全需要设计，有围栏门限位开关、吊笼门限位开关、顶门限位开关、极限限位开关、上下限位开关、对重防断绳保护开关等。

一些吊笼要装载较长的物品，吊笼内放不下需伸出吊笼外，于是人为取消门限位和笼顶紧急出口限位，结果造成事故。诸如此类为省一时之事将一些限位开关人为取消，或短接或损坏后不及时修复的施工场所不在少数。安全限位开关缺失等于失去了这几道安全防线，埋下了事故隐患，施工升降机在上述安全设施不完善或不完好的情况下，仍旧载人载物，属于严重违章。

为避免事故发生，使用单位应加强管理，严格要求施工升降机维护和操作人员定期检查各种安全开关的安全可靠性，对于损坏的及时更换，杜绝事故的发生。

3. 齿轮与齿条磨损严重导致事故

齿轮与齿条磨损严重，不及时更换可能导致事故。建筑施工作业环境条件恶劣，或多或少存在一些水泥、砂浆、尘土，这一工作状况使齿轮与齿条的啮合精度降低，磨损加大，当磨损达到一定尺寸、处于强度临界状态时，必须更换齿轮（或齿条）才能保证安全。

采用25～50mm公法线千分尺进行测量，当齿轮（2个齿）

的公法线长度由 37.1mm 磨损到小于 35.1mm 时，必须更换新齿轮；当齿条磨损后，用齿厚卡尺测量，弦高为 8mm 时，齿厚如从 12.56mm 磨损到小于 10.6mm，必须更换齿条。

4. 频繁作业导致事故

施工升降机频繁作业，利用率高，必须考虑电机的间断工作制问题，也就是常说的暂载率的问题（有时也称负载持续率），其计算方法是：暂载率＝负载时间/工作周期×100％，其中，工作周期＝负载时间＋停机时间。

有些施工升降机是租来的，产权归租赁公司，使用权通过租赁合同由施工单位占有，施工单位总想充分利用，对电机的暂载率（40％或 25％）完全不顾，有些甚至冒出焦糊味还在使用，这是非常不合规的操作使用。如果传动系统润滑不良或运行阻力过大，超载使用，或频繁启动，那就更是小马拉大车了。因此施工升降机司机和相关管理人员都必须明白暂载率的概念，遵从客观规律，按科学规律办事，在此基础上巧妙调度，以发挥设备的最大作用。

5. 缓冲器缺失或失效导致事故

施工升降机上的缓冲器是其安全的最后一道防线，必须设置且有一定的强度，能承受施工升降机额定载荷的冲击，且起到缓冲的作用。

有些施工现场虽有设置缓冲器，但不足以起到缓冲的作用，有些完全没有缓冲器，这都是错误的做法。使用单位应注意进行检查，不可轻视最后一道防线。

6. 未设楼层停靠安全防护门导致事故

施工升降机各停靠层应设置停靠安全防护门。如不按要求设置安全防护门，在高处等候的施工人员很容易发生意外坠落事故。

设置停靠安全防护门时，应保证安全防护门的高度不小于 1.8m，且层门应有联锁装置，在吊笼未到停层位置前，防护门无法打开，以保证作业人员安全。而目前普遍存在着等候施工升降机的人员随时可以打开安全防护门的情况，这是十分危险的，应引起重视。

7. 基础围栏未安装联锁装置导致事故

基础围栏门应装有机械联锁和电气联锁装置，机械联锁确保吊笼在底部所规定的位置时，基础围栏门才可开启；电气联锁确保防护围栏门开启后，吊笼停车且不可启动。

有相当多的施工升降机，在吊笼接近围栏门时，吊笼底部压住一根横梁向下运行，通过换向滑轮钢丝绳带动围栏门向上开启。这是不被允许的，因其很容易给围栏外附近的人造成伤害。

8. 钢丝绳使用不当导致事故

各部位的钢丝绳绳头应采用可靠连接方式，如浇筑、编织、锻造并采用楔形紧固件。采用 U 形绳卡不得少于 3 个，绳卡数量、绳卡间距以及钢丝绳直径应符合有关标准要求。绳卡的间距不小于钢丝绳直径的 6 倍，绳头距最后一个绳卡的长度不小于140mm，并用细钢丝捆扎。绳卡的滑轮放置在钢丝绳工作时受力一侧，U 形螺栓扣在钢丝绳的尾端，不得正反交错设置绳卡，钢丝绳受力前固定绳卡，受力后应再紧固。

有些施工现场采用绳卡固定时，绳卡数量、卡距、绳间设置、尾端长度等不按标准、随心所欲，致使本来只有 $80\% \sim 85\%$ 的固接强度的接头再打折扣，留下安全隐患，甚至导致事故发生。

9. 未按标准设置吊笼顶部控制盒导致事故

吊笼顶部应设有检修或拆装时使用的控制盒，并在具有多种速度的情况下，只允许以不高于 0.65m/s 的速度运行。使用吊笼顶部控制盒时，其他操作装置均起不到作用。此时吊笼的安全装置仍起保护作用，吊笼顶部控制应采用恒定压力按钮或双稳态开关进行操作，吊笼顶部应安装非自行复位急停开关，任何时候均可切断电路，停止吊笼动作。

这一条主要针对 SC 型施工升降机，有些施工现场使用的老产品已经不能满足以上几项规定要求，加上由于安装、维护人员的误操作，极易造成安全事故。因此施工升降机的使用单位应严格对照规定要求进行检查，发现不符合规定要求的应积极采取措施，进行隐患整改，符合要求后再使用。

10. 未设或短接过压、欠压、错断相保护导致事故

出现电压降、过电压、电气线路错相和断相故障时，过压、欠压、错断相保护装置动作，确保施工升降机停止运行。

有些施工升降机维修人员不及时排除引起过（欠）压、错（断）相保护装置动作的故障，而是把保护装置取消或短接，使其不起作用，给设备留下事故隐患，甚至有些产品根本未配备该保护装置。施工升降机应在过（欠）压、错（断）相保护装置可靠有效的情况下载人运物。

第三节　施工升降机紧急情况的应急处置

施工升降机使用过程中，有时会发生一些紧急情况，此时司机首先要保持镇静，维持好吊笼内乘员的秩序，采取合理有效的应急措施，等待维修人员排除故障，尽可能地避免事故、减少损失。

1. 施工升降机吊笼内发生火情

施工升降机吊笼在运行中突然遇到电气设备或货物燃烧时，司机应立即停止施工升降机运行，及时切断电源，并用随机备用的灭火器来灭火。随即报告现场管理人员，有伤员的应及时抢救受伤人员，并撤离所有乘员。电源未切断前，应使用干粉、二氧化碳等灭火器；电源切断后，才可使用泡沫等灭火器。

2. 施工升降机在运行中突然断电

施工升降机在运行中突然断电时，司机应立即关闭吊笼内控制箱的电源开关，切断电源，紧急情况下，可立即拉下极限开关臂杆切断电源，防止突然来电发生意外。随即与地面或楼层上有关人员联系，判明断电原因，按正确方法处置，严禁攀爬导轨架、附墙架、防护栏杆等进入楼层。

（1）短时间停电时，可让乘员在吊笼内等待，来电后合上电源开关，检查正常后启动吊笼。

（2）停电时间较长且在层站上时，应及时撤离乘员，等待来电；若不在层站上，应由专业维修人员手动下降到最近层站，撤离人员，并将吊笼下降到地面站，等待来电。

（3）若因故障造成断电且在层站上时，应及时撤离乘员，等待维修人员检修；若不在层站上，应由专业维修人员手动下降到最近层站，撤离人员，并将吊笼下降到地面站，排除故障。

（4）若因电缆扯断断电，应注意电缆断头，防止触电。若吊笼停在层站上，应及时撤离乘员，等待维修人员检修；若不在层站上，应由专业维修人员手动下降到最近层站，撤离人员，并将吊笼下降到地面站，对电缆进行维修。

3. 施工升降机在运行中发生吊笼坠落

施工升降机在运行中发生吊笼坠落事故时，司机应保持镇定，同时提醒乘员应提起脚跟，使脚尖着地，身体下蹲，并用手扶住吊笼或抱住头部。如吊笼内载有货物，应将货物扶稳。若防坠安全器动作并将吊笼停在导轨架上，应及时与地面或楼层上有关人员联系，由专业维修人员上机检查原因。

（1）若因货物超载造成坠落，由维修人员对安全器进行复位，然后由司机合上电源，启动吊笼上升约 30～40cm，使安全器完全复位，然后将吊笼停在距离最近的层站上，卸去超载货物后，施工升降机方可继续使用。

（2）若因机械故障造成坠落，一时又不能修复，应在采取安全措施的情况下，有组织地向最近楼层撤离乘员，然后交由维修人员修理。

（3）在防坠安全器进行机械复位后，务必启动吊笼上升一段行程，使安全器脱挡，进行完全复位，否则马上下降易使吊笼发生机械故障。

4. 施工升降机在运行中发生吊笼冲顶事故

施工升降机使用过程中若发生吊笼冲顶事故，司机一定要沉着应对，防止乘员慌乱而造成更大事故。

（1）当吊笼的上限位开关碰到限位挡铁时，该位置上部导轨架应有 1.8m 的安全距离，当发现吊笼越程时，司机应及时按下红色急停按钮，吊笼停止上升。若不起作用、吊笼继续上升，则应立即关闭极限开关，切断控制箱电源，使吊笼停止上升。用手动下降方法，使吊笼下降到最近层站，撤离乘员，然后下降到地面站，交由专业维修人员修理。

（2）当吊笼冲击天轮架后停止不动时，司机应及时切断电源，稳住乘员情绪，与地面或楼层人员联系，等候维修人员上机检查；如施工升降机无重大损坏，可用手动下降方法使吊笼下降，让乘员在最近层站撤离，然后下降到地面站维修。

（3）当吊笼冲顶后，若仅靠安全钩悬挂在导轨架上，将十分危险。此时司机和乘员一定要镇静，严禁在吊笼内乱动、乱攀爬，并及时向邻近的其他人员发出求救信号，等待救援人员施救。救援过程中必须先固定住吊笼，然后再撤离人员。

参 考 文 献

[1] 住房和城乡建设部工程质量安全监管司. 施工升降机司机[M]. 北京：中国建筑工业出版社，2010.

[2] 史峻强. 施工升降机司机[M]. 北京：中国建材工业出版社，2019.

[3] 住房和城乡建设部工程质量安全监管司. 物料提升机安装拆卸工[M]. 北京：中国建筑工业出版社，2009.